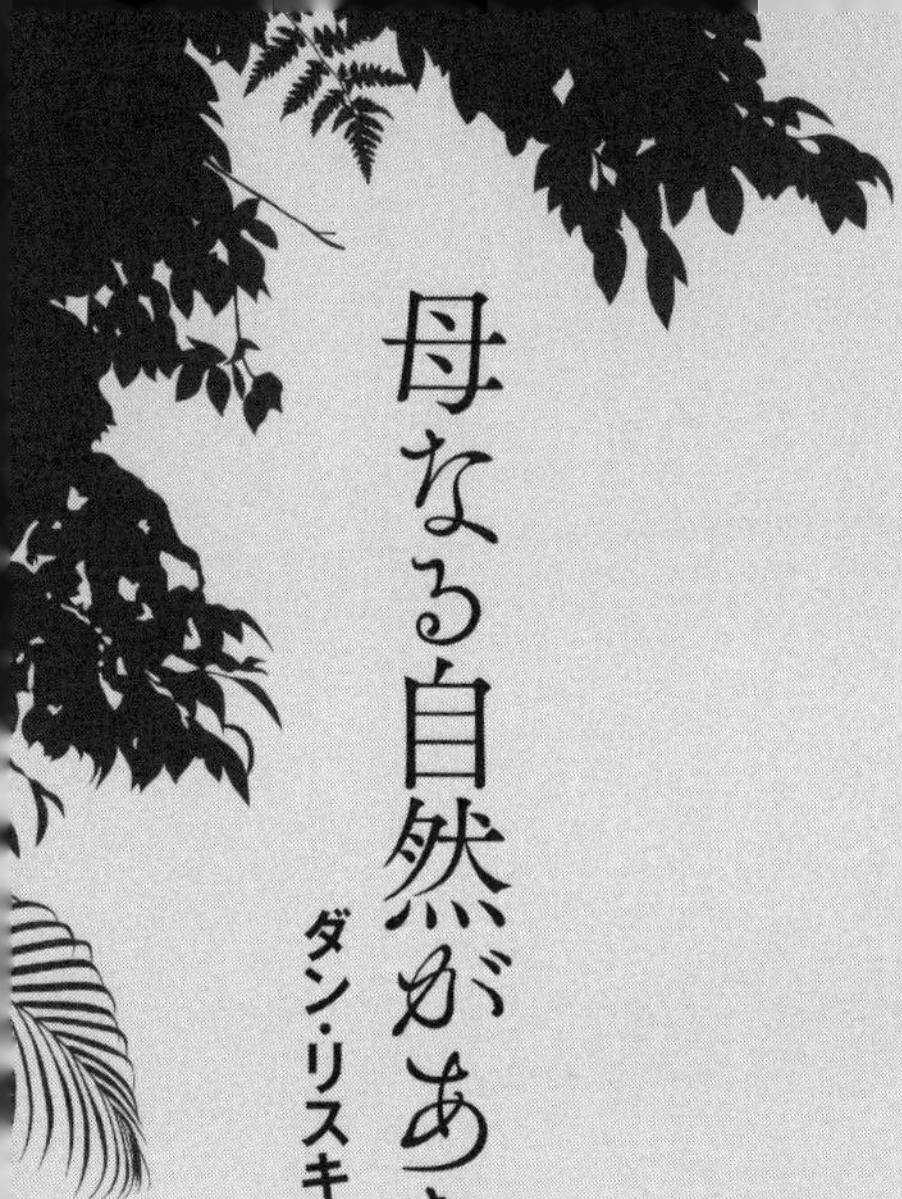

母なる自然があなたを殺そうとしている

ダン・リスキン……［著］
小山重郎…………［訳］

築地書館

シェルビーへ

MOTHER NATURE IS TRYING TO KILL YOU by Dan Riskin

Japanese translation by Juro Koyama
Originally published in the English language by Folio Literary Management, LLC

Published by arrangement with Folio Literary Management, LLC, New York and Tuttle-Mori Agency, Inc., Tokyo

Published in Japan by Tsukiji Shokan Publishing Co., Ltd., Tokyo

母なる自然があなたを殺そうとしている　目次

序章　自然と一つになるには

　それはひどい痛みではなかった。しばらく、私は何も感じなかった。しかし間もなく、スプーンの縁を頭のてっぺんに押し付けられたような鋭い痛みを覚えた。気分が悪くなることはなかったし、あとまで残る傷になるものではないと思った。しかし、私は気が狂いそうだった。それは、小さくて白い、ねばねばしたヒトヒフバエのウジムシで、その体のまわりに黒い剛毛（ごうもう）が環のように生えていて、私の頭のてっぺんにしっかり取り付き、取り除くことができなかった。それは、今は数ミリにすぎないが、肉を食い続け、数週間後にはもっと大きくなるだろう。私には、どうしたらそれから逃れることができるか分からなかった。

　私が偶然こんな目にあったのは、数週間前にベリーズでコウモリの研究チームの一員として活動した時のことだった。私はコウモリの研究者で、オーストラリア、ニュージーランド、マダガスカル、南アフリカ、コスタリカ、北アメリカ全域、そしてエクアドルのアマゾン熱帯雨林まで、コウモリを見るために出かけていた。

ベリーズは中央アメリカの小さな国で、アメリカのニュージャージー州ぐらいの広さだが、ニュージャージー州にいるコウモリが九種なのに対して、ベリーズには四〇種もいる。それは一九九八年のことで、私は、当時大学院一年生だった。私達の研究チームは、ベリーズ産のコウモリの幾種かが日中に隠れている場所を見つけようとしていた。それは、私がまだ見たことがない種を見る貴重な機会であった。コウモリについては数多くの本や論文を読んだが、これは野外でコウモリの何種かに出会う一つのチャンスなのだった。

私達がベリーズで活動していた場所はラマナイと呼ばれて、古代マヤの遺跡で有名である。しかし、遺跡は繁茂した熱帯雨林の下に埋もれていた。私はラマナイの野生動物を見て心がわくわくした。そこには、大きいカラフルなオオハシ［鳥の一種］、長さ二メートルのクロコダイル、鮮やかな色の毒蛇、ホエザル、無数の種類の集合性昆虫、そして勿論コウモリ達がいた！　魚食いコウモリ、血吸いコウモリ、黄色果物食いコウモリ、シース尾コウモリ、剣鼻コウモリ、カエル食いコウモリ、等々……。どうか私を信じてほしい。コウモリについての好奇心を抜きにしても、ベリーズは野生動物の天国なのだ[1]。

それは、二週間の旅であった。私達は沢山の森を切り開いて進んだので、何時、私がヒトヒフバエにやられたかを正確に知ることは不可能であった。毎晩、私達は網を仕掛けてコウモリがかかるのを待っていた。コウモリが捕まると、その背中の毛に、コーヒー豆位の大きさの電波送信機を貼りつけて放してやる。これには、約一三センチの長さのアンテナがぶら下げてある。送信機は特別な周波数の電波信号を発するので、電波受信機でコウモリがどこに隠れているかを見つけることができるのである。

ひとたび電波信号で印をつけたコウモリが放されると、私達の手にしたアンテナが電波を受信してコウモリが近くに隠れているかどうかが分かる。そこで、毎日、私達は古代マヤの遺跡の上に登り、森の樹冠のまわりをアンテナで調べたものだった。例えば北の方角から電波信号が聞こえると、再びその信号を捕らえるまで、森の中を北の方角にマチエテ［山刀］で木の枝や蔓を切り払いながら道を切り開いて行った。信号がもっと強くなると、コウモリが一本の枝をねぐらとしているか、少なくともコウモリが隠れている樹の孔の見当がつくのであった。それは手際のいる仕事であった。なぜなら、マチエテで道を切り払う時、コウモリを驚かして追い払うことがないように、静かにやる必要があったからだ。また、私達が切り払う植物には、サソリやアリが群がっている刺のあるアカシアや、毒蛇などやっかいなものが一杯いた。しかし、私の生涯で、これほど面白かったことはなかった。この旅の終わりまでに私は純粋な至福の時を得た。私は日に焼けて虫刺されだらけになったが、ここで専門的な研究者への道を見いだした。そして、私の残りの生涯をこんな冒険で満たしたいと思い始めた。不幸なことには、興奮のあまり虫刺されの一つの中にウジムシがいたことには気がつかなかったのである。

ヒトヒフバエは普通のイエバエに似ているが、その生活史はサラダの上に止まるハエとは甚だしく違う。雌のヒフバエ成虫は熱帯雨林の中でビュンビュン飛んでいる。それから空中で一匹の蚊を捕らえ、その腹に一個の卵を産みつけて放す。その後、この蚊は哺乳動物（例えば、サル、ジャガー、あるいはコウモリ研究者）を刺す。蚊が血を吸っている間に、ヒフバエの卵は蚊から離れて哺乳動物の上に落ちる。卵は孵ってウジムシになり、蚊によって開けられた孔を通って中に入り、そこで肉を食べて育っていく。ウジムシは、初め数ミリの長さであるが、一ヶ月半位たつと、二・五センチほどに成長して皮膚の表面に戻り、地面に落ちて成虫のハエに変態（へんたい）し、それから飛び立っていく。

それは、ヒフバエによるまったく巧妙な戦略である。成虫は大きいので、もし私に止まったのを見たら、ぴしゃりと叩くことだろう。しかし、成虫は決して私の近くにはやってこない。それは、一匹の蚊を特使として使う。だから私は気がつかなかったのだ。実際、私は数週間後に家に帰るまで、こんなひどいことがあったとは知らなかった。

ウジムシは私の頭の右後側のてっぺんにしっかりと棲みついていた。最初のうち、それは蚊に刺されたようだった。しかし刺されたまわりが隆起し始めた。そしてその隆起はしだいに大きくなっていった。頭のその場所を見ようとしても、ひどく見にくかった。私は二枚の鏡と懐中電灯で見ようとした。髪を分けたり、手で押しつけたりしてみたが、どうもうまくいかなかった。わずかに一〇セント硬貨［直径一八ミリ］ほどの腫れた赤い部分が見えて、その中央には微小な孔があった。そして、時々小さい白い呼吸管がその孔から突き出されるのが見えると、他の人が教えてくれた。その呼吸管でヒフバエのウジムシは酸素を得るので、私は確かに、この虫にとりつかれたことを確認できたのである。

私はこれまでヒフバエにとりつかれたことはなく、それをうまく取り除く方法を全く知らなかったので、ニキビのように絞り出そうとした。(2) これは私の友達によい印象を与えなかった。彼らは私に帽子をかぶせ、私が頭をあまり引っ掻くようだと、すぐに手を洗いに行かせた。彼らは私にシラミがたかったのではないかと心配していたのである。そこで私は、彼らにヒフバエを捕まえることはできないが、大したことではないことを説明した。

二日後、友人達は気楽に私をからかうようになったが、まだそばに寄りつこうとはしなかった。彼らのユーモアは素晴らしいものだった。彼らはヒフバエが一匹まるまる私の頭の中にいると言った。そして、それは手強い奴であるが、ヒフバエを皮膚の下におくべきではないと言った。また、ヒフバエを私の扶養家族として税金申告してはどうかと言った。彼らは彼女（ヒフバエ）に名前までつけた。「ジョージア」がその名前だった。

それから約一週間が過ぎた。私は「我が心のジョージア［ジャズのスタンダードナンバー］」と共に仕事に出かけた。彼女がどうにかして出ていってくれるように時々絞り出してみたが、それは難しかった。なぜなら、彼女は鋭い後ろ向きの剛毛を体のまわりに持っていて、これが体を肉の中にしっかりと固定しているからである。もし、彼女が腕や胸のような比較的柔らかい場所にいるなら、彼女の後ろから皮膚を絞ることによって、呼吸孔から取り出すことができただろうが、硬い頭ではこうした手段をとることはできなかった。そこで、私が絞り出すことを止めたので、彼女はさらに害を与え続けた。私は、彼女がもっと大きくなれば、その下に指を入れて絞り出すことができるようになるだろうと期待したが、彼女が大きくなってもうまくはいかなかった。

恐らく、もっと長く待てば彼女を指で取りのけることができただろうが、その前に私のかんしゃく玉が限界に達した。ベリーズから家に帰ってほぼ二週間たった時、私はぶち切れた。食料品店に行く車の中で、突然あのスプーンの縁を頭に突き立てられるような痛みが再び起こり始めた。それが、ジョージアをとり出そうと私が決めた瞬間であった。恐らく、医師もそれに同意することだろう。私は、それを友人に頼もうとは考えず、食料品店を素通りして、真っ直ぐに病院に向かった。

看護師はいつも嘔吐物や排泄物を見ているので、容易なことでは怖じ気づくことはなかった。そこで、一人の看護師に、頭の中にウジムシがとりついていると訴えると、わかってくれた。私はER［救急救命室］では、よくいる奇妙な人だと思われて、待合室が人であふれていたにもかかわらず間もなく一人の医師に会うことができた。

彼は入ってくるとカルテを見て、私の眼を真っ直ぐ見ながら、ヒフバエなんて知りませんと言った。私が奇妙な誇大妄想を持っていると思ったのか、医師が真面目に取り扱おうとしないので私はできる限りの知識を述べた。私は彼に呼吸孔や、剛毛や、蚊との生活史について全てを語った。しかし、話している間もウジムシは私に苦痛を与えたので、説明しながらかがみ込み縮みあがった。私がおかしいのではないかと医師に思われないか心配だったので、さらに早口で話した。しかし、うまくいかなかった。

彼は、今度は数秒間、再び私の眼を見つめてから深いがっかりしたような息を吐き、私の頭を見せてくれと言った。

彼はゴムの手袋をはめて、私を診察台の上に胸を下にして横たえた。私が顎を重ねた腕のうえに置くと、彼は指で私の頭のてっぺんを突っつき始めた。

「私には、何にも見えません」

「ここですよ」と私はその場所を突っついた。

「何？　そこには何もありませんよ」と彼は言った。「それは内側に伸びた髪のように見えますが」

「違う、違う。それがヒフバエです。孔が見えるでしょう？」

彼は突っつき続けた。それから再びため息をついた。彼は壁につきあたっていた。つまり、彼が私を信じて、このものを今取り除くか、あるいは、私を家に帰らせるかのどっちかであった。後の方だと、私は友達の一人に頭を切開いてくれと頼まなければならなくなる。

長い休止の後、遂に、彼はどれくらい深く切る必要があるかと私に尋ねた。

「わかりません。好きなだけ深く切ってください。あなたと私の脳の間には頭蓋骨があります。だから、あなたは恐らくあまり傷をつけ過ぎることはないでしょう」と私は冗談を言うほかなかった。

彼がもう一度息をし、間を置いて再びため息をつくのが聞こえた。それから、私は一本の針のちくりとする痛みと、そのまわりが凍り付くのを感じた。間もなく、ちょっと引っ張られるように感じ、血が額から流れだして首まで落ちてきた。

彼は私にタオルを渡し、私はそれを額に巻いた。あと数秒でこの物体は私から出て行くことだろうが、私はそれが待ち切れなかった。

しかし、医師は言った。「私にはまだ何も見えません」

もし、医師がそれを取り出すことが出来なかったら、私が友達に頼んで、そのまわりを掘らなければならないのだろうか？　それとも、ヒフバエがいるというのは私の想像だったのか。それなら、これは何だったのか？

私はだまっていた。彼は数分間と思われる間、引っぱったり、切ったり（その時はどっちも同じように感じた）し続けた。それから彼は静かな、驚いて喘ぐような物音をあげた。

私はまったく何も感じなかった。私は彼が何をしているか見ようと頭を動かそうとは思わなかった。というのは、頭を動かすと、血が顔に流れないように巻いてあるタオルの位置がずれてしまうからだ。

「取れましたか？」

彼はよく見えるように椅子を私の前にまわして、アルコールを満たした小さい尿サンプル容器を示した。その表面の近くに、ジョージアが死んで浮かんでいた。

私は遂に自由になった。

今日、ジョージアは私の机の隣の棚の上で同じ尿サンプル容器の中にいる。彼女は数ミリの長さしかない。残念なことに、私がインターネットで見る他のヒフバエと比べると小さい。明らかに多くの人々はヒフバエについて何も知らないので、それにとりつかれた時には六週間も不思議な苦痛をもたらしながら成長し、遂には一匹のウジムシが身悶えしてあらわれることに驚く。ジョージアはそうした段階のはるか前に取り除かれた。しかしそれでも、他のものよりは小さいが彼女は私のものである。私は彼女を得た。私は彼女を誇りにしている。もし誰かが私に、これまで「自然と共にいる」と感じたことがあるかと聞けば、私は彼女をとりあげて見せるだろう。彼女は勲章のようなものなのである。

私は、生物が自然の中でいかに暮らしているかを科学者として研究するためにベリーズに行った。だが、結果的には自然を一つの生物体として経験することとなった。それは、私が自然界をどう理解するか、について影響をおよぼした。私にとって、自然は熱帯雨林の美しい写真ではない。それは、寄主から寄生者に、餌動物から捕食者に、そして腐りつつある死骸から腐肉食動物に流れるエネルギーをめぐる戦いによって引き起こされる、生と死のドラマである。これはまた、生物のDNAが永続的にうけ渡されるための、決して終わることのない戦いである。ベリーズは、私がこの叙事詩のシステムの一部であることを気づかせてくれた。私達は皆そうなのだ。私のヒフバエはエネルギーを得るために私を食い、私はそれを取り除くためにエネルギーを使った。動物が他のものに打ち勝って、利己的に生き延び、子どもを作る場所——

それが自然なのである。

自然をそのように考える時、近頃、誰もが愛犬をなでながら、私達にもっと自然に生きろと言っているのがおかしく聞こえる。私達はダイエット、運動、薬、そして生活スタイルについてのアドバイスに囲まれている。全ては「自然な」生き方の一つの姿を擁護するものだ。人間は自然から進化したものである。私達が現代的問題から逃れるには、我々のルーツに戻って人間が数千年前に行っていた、できるだけ単純な移動／食事／生活に戻ることだと言われてきた。

もちろん、そのようなたぐいのアドバイスには、数千年前の人々が三十歳代までしか生きられなかったという基本的なことを無視しているという欠陥がある。いたるところに、捕食者、寄生者、腐肉食動物がいて、私達を機会あれば食物として攻撃しようとしている。現代の西欧化された社会に生きる私達は、これらの脅威の大部分を寄せつけない仕事をしてきた。これらの「自然派」アドバイザー達は、ヒフバエやガラガラヘビやマラリアのようなものは存在しないかのように振る舞っている。しかし私を信じてほしい。それらは存在するのだ。

それどころか、母なる自然はあなたを殺そうとしているのだ。

私の自然に対する見方は、典型的に描かれている自然とは少し違う。アドバイザーや店員は客に何かを売りたい時、しばしば自然という言葉を使う。彼らの世界では、自然は幸福で、慈悲深く、気前がよくて、人をより健康にし、人を傷つけるようなことは決してしてないのである。それらは全て甘美で刺を持たない。自然は私達に果物、野菜、日陰栽培コーヒーを与えてくれる。浴槽のまわりのカビやアリやサナダムシなどは与えない。アドバイザー達は、私達にこうしたものは緑の世界の実際の一部ではない、と思わせたがっている。そのかわり、それらは自然への侵入者だと言う。

柔らかい牧草地と滝壺の風景のある、シャンプーのコマーシャルを考えてみよう。そこには陽気に騒ぐ美しいモデルと、もつれ合った髪の房がある。植物があり、おそらくチョウかウマがいる。しかし、スズメバチもサソリもヒルも決して存在しない。いやらしい動物は商売を傷つけるので、自然のイメージは半分にとどめておくべきなのだ。

作りあげられた偽の自然のユートピア的バージョンと共に、企業は彼らの商品を友好的な世界と結びつけてセールスを盛り上げることができる。私は最近、スーパーマーケットに行き、ラベルに「無毒」「オーガニック」「グリーン」と書かれた洗剤を見た。それはまた、包装の真正面に、カビやウドンコ病菌や細菌を殺すと書いてあった。このクリーナーで台所のカウンターを拭けば、何百万もの生き物を消すことができる。しかし、彼らはこの商品をエコに優しいという。あたかも細菌は「エコ」(それが何であろうと)の一部に数えられていないかのように。私は環境に優しい製品を用いることに反対しているのではない——実際私はそれを勧めている——しかしラベルの皮肉を見てもらいたい。私が言いたいのは、人が買う有機栽培のリンゴやオレンジは自然が育てたものではなくて、農場で作られたものだということなのだ。それらは、人の家に窓から入ってきたカビよりどれほど自然なものだろうか?

雑誌の編集者や、テレビ会社の役員と広告主達は自然の暗い側面を認めたがらないので、私達は全容を見ることはできない。そして私達はゆがんだ景色を見るにとどまるのである。

私は大学学部学生の頃、レストランで働いていたのだが、そこにいたある女性が、自分はこれまで人工的麻薬を使ったことはないと語るのを聞いた。しかし「自然が作ったものなら、使うのは結構ですよ」と言った。彼女がそう言った時に、私にはそれが合理的であるように聞こえた。しかし、そういう言い方は意味をなさない。これを理解するためには、一分か二分、注意深く考える必要があった。私は、彼女が自然が作ったものというのは、マリファナ［大麻］や、マジックマッシュルーム［幻覚作用をもたらすキノコの一種］のことだと思った。しかし、人工的麻薬といわれたヘロインもクラックコカイン［タバコに入れて吸えるようにしたコカイン］も紙巻きタバコも、全て植物からはじまっているのだ。人が娯楽的な麻薬や食物や、あるいは何について語るにせよ、その性質を偽るには一〇〇パーセント、無知であるか強い不信のどちらかを必要とする。

もう一つの点をとりあげてみよう。飛行機の窓際の席から見るニューヨーク市の輪郭は、巨大で堂々とした静かなものである。しかし、ミッドタウン［ニューヨーク市マンハッタンの一地区］を訪れる時、それは全く異なるものとなる。空から見ると個性のない長方形の建物は、石とレンガのパターンで美しく飾られたものに変わり、一つ一つが個性をあらわしている。地上に立つと自動車の鳴らす警笛や、人々が歩きながら電話にむかって叫ぶのが聞こえる。そしてトラックは汚い道路の穴ぼこの上をゴウゴウと疾走する。残飯と小便の臭いがするが、ホットドッグやプレッツェルの匂いもする。ちょっと食べたり、ショウを見たり、地下鉄に乗ったり、その全てを取りこむためにベンチに腰を下ろしたりすることができる。

空から見るニューヨークの輪郭は息をのむほど美しい。しかしそれは沢山のものを見落としている。実際、私はニューヨークの最良の場所の全てが見落とされていると主張したい。

自然を、終わることのない健康への気前のよい贈り物と見ることは、ニューヨークをその輪郭だけで述べるのと同じくらい不完全である。自然が私達によいものを沢山、沢山作りだすことは確かだが、自然はまた、クラゲやヒアリ［アリの一種、刺されると痛い］や有毒なシアン化物も作りだす。私達は自然の健全な部分をほめたたえることはできるが、ぞっとする側面もまた見ることによって、全体像をより十分に知ることができるのだ。それどころか、私はもう一歩進みたい——私は自然のいやらしい、不道徳で乱暴な側面、食料品店やシャンプーのコマーシャルが見落としている側面が、自然の最も荘厳で美しい部分を含んでいるように思うのである。

双眼鏡で鳥を見ながらベリーズの小道を歩くことは、ニューヨークの輪郭を見るのと似ている。しかし、ヒフバエの経験は私をニューヨーク市街のレベルまで下ろしてくれた。それは私と自然との関係を、居心地のよい外側から見るだけのものから変えたのだ。そしてその後、私は同じような自然界との個人的経験をした——それはジョージアとの冒険よりもはるかに長く続いた。私は頭にとりついたウジムシが生活を変えたと思ったが、それは、子どもを持つのに比べれば何ということもないものだった。

二〇一一年八月、妻と私はサムという最初の子どもを授かった。その日から、私には全てが別のものとなった。私は毎日、自分の体重を計るのを日課としていた。それは記録をとるのが好きだったからである。しかし、今ではそれにまったく興味を感じない。今まで、私はコウモリを見るために世界をめぐる旅でカレンダーを埋めてきたが、今ではサムと家にいることの方が、コウモリを捕らえるために彼と離れてアフリカで一ヶ月を費やすよりもよい。この小さな子どもを世話する以上に、これまで何かの世話をしたことは無かった。しかし、サムが生まれたことは、これまで全てのこと——私自身を含む——について感じてきたことを一変させた。あなたはおそらく誰かが同じことを言っていたのを聞いたことがあるだろう。そしてもし、あなたが親なら、自分自身に同じことを言うだろう。いかなる他の経験からも感じないような何かを感じるから、あなたは変わるのだ。多くの人々はその感覚を「優しさ」、「純粋の愛」と呼ぶ――しかし、私はそれが実際のところ何であるかがわからないのである。

ここで何故、私がその言葉を使うのにためらうかを述べてみよう。ヒフバエを「悪」であるということはできないだろう。なぜなら彼らは生存し、自分のDNAを次の世代に残していくために全力を尽くしている。ヒフバエの行動について「善」とか「悪」とかの言葉を使うのは意味がない。それは自然のどんな動物についても同じである。

私がサムについて感じることは、私自身のDNAを生かし守るための生物学的衝動から来ていることは極めて明らかなのだから、何故ここで善とか悪とかの概念をあてはめなければならないのか私にはわからない。父親らしい愛と感じられるものは、次の世代で自分のDNAを守ろうとする私の体の成り行きなのである。もしヒフバエの行動が「悪」でないのなら、何故、私のサムへの思いを「純粋」とか「善」とか呼ばなければならないのだろうか？ 確かに私は素晴らしいと感じる何かを経験した。しかし、それは私のDNAが、私の脳にそれを信じこませたものである。この幻想の背後に何か真実があるのだろうか？

私がこの本を書いたのは、一部は、醜い極悪の自然界について情熱を感じ、それを見る旅にあなたを連れて行きたかったからである。しかし、同時に、私はこの本を私自身の個人的な旅の一部としても書いた。私は、息子に対して感じる愛が真実であるかどうかを明らかにしなければならない。

では、始めよう。取り落としを避けるために、約千四百年前にキリスト教会によって、人類に破壊をもたらす悪徳として数え上げられた罪をめぐって、私達の旅を計画してみた。きっと、あなた達はそれらについて聞いたことがあるだろう。それは七つの大罪と呼ばれている。すなわち、「貪欲」、「情欲」、「怠惰」、

「暴食」、「嫉妬」、「怒り」、そして「自惚れ」である。勿論、これらの罪は生物学的なものではない。――その倫理のアイデアは人類のものである。しかし、母なる自然が実際、七つの大罪のそれぞれを人類が行うよりも、はるかに鋭く成し遂げるさまを見ることは、素晴らしいチャレンジになると思う。その道に従って、父親らしい愛の根源が利己主義のジャングルの中に見いだされるだろうか。あるいは、私が息子に感ずる愛が本当は存在しないことを知るのだろうか。

では、探究を始めよう。

(1) 私はラマナイに棲んでいるコウモリを調べた二つの研究に参加したが、その後、もっと多くの種がいることがわかっている。

(2) ある人々は、呼吸孔を豚の脂で覆うことによってヒフバエを誘引することを勧めている。ハエを引き付けるのは食物の臭いではない。それは空気の不足である。ある外科医の研究によって、ウジムシの呼吸孔をワセリンで覆って空気を断つことでヒフバエを取り出せることが分かっている。

第1章　何がなんでも生き残れ〈貪欲〉

利己的な振る舞いが正しい

一人の生物学の教授と一人の工学の教授、そして一人の学生があるバーに入って行く。三人がビールの最初の一口を飲もうとした時に、一匹のライオンがトイレから出てきて、彼らを見て舌なめずりをする。

生物学の教授は椅子からゆっくりと立ち上がり、恐怖で凍ったように立ちすくんで、「過去二十五年間に一〇〇〇匹以上のライオンが人を襲ったが、そのうち三分の二は致命傷だった。私達の勝ち目はまったくない」と言う。

工学の教授はライオンと、それからドアを見て、ある計算をし始める。彼は立ち上がり、「私も私達に勝ち目がないと思う。その体の大きさからしてライオンの最高速度は時速約六四キロだ。オリンピック選手は時速約三五キロで走ることができる。私達がその半分の速さで走ることができるかどうか疑わしいが、それでも、ライオンは私達より三倍も速く走って、出口に達する前に容易に捕まってしまう。ひとひねりにされるだろう！」

　学生はライオンと教授達を見てから、おもむろに携帯電話をポケットから取り出し、ツイッターで送るためにライオンの写真を撮る。

「君はいったい何をしているのだ？」と生物学の教授が尋ねる。「このライオンからは、逃げるほかはないということがわからないのか？」

「まったくその通りです」と学生は言う。「でも、私はライオンより速く走ろうとは思いません。私はあなた方のうちの一人よりも速く走ればよいのです[1]」

　この冗談は、いつも言われてきたものだが古くならない。それが基本的に正しいからだ。すなわち捕食者は最初に捕まえたものを殺す。毎年、南アフリカでは沢山のシマウマがライオンによって殺される。しかし彼らは、でたらめに死ぬわけではない。あるシマウマは、他のシマウマよりも、より速く、より注意深く、より健康なので、あるいは単に幸運だったために、逃げることができた。ライオンは確かに殺しはするが、どのシマウマが生きるか死ぬかはシマウマによって決まるのである。それはバーにいる三人の人達のようなものである。他のシマウマより速く走ることのできるシマウマが、遅く走るものよりも生き残るチャンスが大きいのである。

　私達の自然界の旅における七つの大罪の最初のものは貪欲である。それによって私が言いたいことは、自分自身に対する強烈な関心である。私はここで、チャールズ・ディケンズ著『クリスマス・キャロル』に出てくる商人エブニゼル・スクルージについて話してみよう。スクルージは彼の事務所の書記のボブ・クラチットがクリスマスに働きに来ないなら、給料を払いたくないと思っている。スクルージはまた、彼のかなりの財産のうちのひとかけらでも貧しい人に与えることを拒む。スクルージが大切にしたのは彼自身である。動物達のものの決め方は彼と同じなのである。――ただし、スクルージが金に貪欲なのに対して、動物は彼らの遺伝子を残すことに貪欲である。それがDNAのコピーを次の世代に残すのに役立つ限り、動物達はためらうことなくお互いから搾り取ろうとするのである。

利己主義の名のもとに行われる最も攻撃的な動物の行動は、まず同じ種のメンバーに対するものである。彼らにとって世界中で最も脅威な動物は自分に最も似たものなので、これを攻撃する。同じ種のメンバーは自分と同じ場所で生きようとする。彼らは自分と同じ食物を食おうとする。彼らは自分と同じ場所で子どもを作ろうとする。そして彼らは自分の子どもに食べさせたいような食べ物を、彼らの子どもに食べさせようとする。もし同じ種のメンバーと戦わなければならないとすれば、自分が傷つけられる機会も多いのである。そして自分のDNAを次の世代にうけ渡すために、動物がやるべきことは、同じ種の他のメンバーと比べて確実に貧乏くじを引かないようにすることである。そして、そのための最良の方法は、できるかぎり貪欲で利己的になることである。これは無神経のように聞こえるかもしれないが、まったく真実である。最近の研究では、羊を例に使うことで見事にこの点が示された。

長い間知られてきたことだが、羊達の群れにオオカミのような捕食者が近づいた時、群れの羊達は、互いに近くに寄り集まる。人々は、これは羊達がみんな同じ捕食者から逃げ、それによって同じ場所で生きていこうとするためだと考えるだろうが、実際に起こっていることはまったく違う。羊達は人々が信じているよりも抜け目が無く、共謀からははるかに遠い。

研究者達はオーストラリアの一つの羊の群れにGPS［全地球測位システム］の首輪をつけて、個々の羊が捕食者（この場合は一匹の牧羊犬）の接近にいかに反応して動くかを見た。全ての羊は期待されたように、互いに近づいた。しかしそれは、羊達がその捕食者からまとまって逃げるためではなかった。そうではなくて、ＧＰＳのデータは、犬が来た時に個々の羊は群れの中心に向かって動くという反応を示した——たとえそれが犬から直接逃げる方向でなくとも。言いかえれば、一匹の羊によって選ばれた方向は捕食者の位置によって決められるのではなく、それは、他の羊の位置によって決められたのである。バーでの学生と同じ戦略を用いれば、一匹の羊はその捕食者から逃げることなしに生き残ることができる。それは、その羊自身と危険の源との間に他の羊を置くということである。一匹の羊は自分の代わりに誰かが死ぬ限り、生きることができるのだ。

南極の皇帝ペンギンでも同じような物語がある。ここでは、途方もなく寒く暗い冬の間、三ヶ月以上もオス達は押し合いながら集まり、それぞれが一個の卵を暖めている。その間、オス達は何も食べない。そして春になると、それぞれのペンギンは彼らの体重の三分の一以上を失っている。ペンギンは極端に熱が逃げないような体をしているが、彼らはまわりの世界に少しは熱を漏らす。それにより、全ての他のペンギンは同じように熱を互いに与えあっている。あるペンギンにとって立つべき最良の場所は、まさに群れの中心である。そこでは、他のペンギンが漏らす熱が彼のあらゆる方向から来る。(2)

このことは私がこれまで想像していたものよりうまく働く。群れの真ん中にいる一匹のペンギンは二〇℃と三七・二℃の間の、熱帯の島と似た温度を経験する。一方、縁に近いものは、地球上で最も寒い温度にさらされる。表面上、この群がる行動はチームワークの大きな実例であるように見える。実際、『皇帝ペンギン』という、極めてポピュラーなドキュメンタリー映画の中で、ナレーションをした俳優のモーガン・フリーマンは、次のように語っている。

一年の残りの期間、攻撃的だったオス達は、この時は全く従順で――統合され協力する一つのチームです。彼らは一〇〇〇羽もの体を一つの集団に合併させることによって嵐にたちむかいます。彼らは、それぞれが暖かい群れの中心の近くで時をすごせるように交替するのです。

上手に述べていますね、モーガンさん。でも彼らは、本当は一つのチームではない。どのペンギンも群れの中心から縁への交替という軌跡をたどってはいない。そして、彼らの誰もが暖かい中心を離れて、寒い縁へと交替することを喜んではいない。その代わり、全てのペンギン達は利己的に振る舞い、群れの形態はあくまでも結果として生ずるものなのである。

長時間録画したビデオを詳しく分析した所、群れの全体的運動は正にペンギン達が一つの単純な利己的法則に従った時に期待されるものであった。もし、あるペンギンが群れの中心部にいて、体の全ての側に他のペンギンがいるようであれば動こうとしない。もし群れの縁にいれば、他のペンギンを押しのけてでも中心に戻ろうとする。これを、モーガンのように「交替する」と言うことはできる。しかし、真実は、全てのペンギンができる限り暖かい所に留まろうとしている時に起こることであった[3]。映画が示すようなオスのペンギン達の間の攻撃性の減少もまた、利己的観点からきたものである。ある群れをなすペンギンにとって、隣にいる熱源を殺すことは反生産的であろう。しかし、別の状況にある他の動物にとって、隣のものを殺すことは可能なかぎり最良の戦略である。そしてそのような場合には彼らはまったくためらうことがない。

一匹のオスのシマウマは、自分のものではない赤ん坊のシマウマが来た時には、それが死ぬまで蹴飛ばしたり咬んだりする。この行動はシマウマを飼っている動物園にとって大きな問題である。そうすることによって、彼自身の子孫が生活上で直面する競争を減らすのである。同様に、一匹のライオンがライバルにとって代わって、メスの群れを引き継ぐ時に最初にすることは、彼の新しく相続した群れの赤ん坊を殺して、彼自身の赤ん坊を作り始められるようにすることである[4]。赤ん坊殺しは、彼の（まもなく妊娠されるであろう）赤ん坊のために、より多くの餌があることを意味する。また、メス達が、その子どもをまだ育てている場合よりも早く繁殖期に入るというボーナスも加えられる。赤ん坊殺しは一見ありえないことのように見えるが、多くの動物が彼ら自身の利己的な利益に従って行動することを示す、もう一つの道である。

誕生前から始まる生存競争

驚くべきことに、時には、赤ん坊が自分の兄姉によって殺されることすらある。例えば、シロフクロウを取りあげてみよう。この大きい白い鳥は北極圏で見られるのだが、タビネズミを食う。このネズミは時々大発生を繰り返すげっ歯類で、ある年にはまったく見当たらないが、別の年にはいたる所で見られる。問題はこの大発生が予想できないことである。そのため、フクロウはあらかじめ幾つの卵を産めばよいかがわからない。ある年にはつがいのフクロウが巣の中の全部のヒナに与えるのに十分なタビネズミがいるだろうが、別の年にはそうすることが難しい。幸いなことに、フクロウは推量する必要はない。彼らは彼らのヒナをお互いに戦わせればよいのだ。

最初に母親のフクロウは一個の卵を産む。それから彼女は二日待って、もう一つを産む。こうして、合計五個から一〇個の卵が産まれる。最初のヒナが孵った時、それは両親から必要な餌を全てもらってただちに発育を始める。二番目の卵が孵る時までに、最初のヒナは大きくなっているので、新しい、より若い弟妹はまったく不利である。母親が巣に戻って、赤ん坊達の食物としてタビネズミを吐き戻す時には、いつも最初のヒナが弱い弟妹を押しのけて必要なだけの食物を手に入れる。ナンバー1がもうそれ以上食べられなくなったあとようやく、より若いヒナは食べ物をもらうことができる。次の卵が孵ると、また同じシステムが続く。ナンバー2が十分にもらったあとでだけ、ナンバー3がもらい、それからナンバー4……とこれが続く。このシステムは素晴らしい。なぜなら、ネズミの乏しい年には六羽のヒナが飢えて彼らのうち誰も生き残る機会がないかわりに（全ての卵が同時に孵った時に起こること）、両親は一羽か二羽の極めて健康なヒナを育てることができるからである。豊穣な年には彼らはもっと多くの健康なヒナを育てることができるだろう。フクロウは毎年のタビネズミの数がどうであろうと確実に適切な数のヒナを育てるために、このシステムを使うことができる。ここで必要なことは、両親が赤ん坊達に彼らの齢（れい）に基づく、突つきの順位を押し付けることである。

公平に言うと、シロフクロウは実際に彼らの弟妹を殺すのではない。彼らを餌なしにして置くことで彼らを飢えさせるのである。一方、アフリカのコシジロイヌワシの場合はそうでない。私は、あなたが年上の兄姉にいじめられたことがあったかどうかを知らないが、それはコシジロイヌワシが経験することとは比べものにならないだろう。このワシのメスは常に二個の卵を産む。しかし、一羽だけが生き延びる。年上の兄姉はその小さい弟か妹より三日先立って誕生する。そこで、二番目のヒナが孵るやいなや身体的な虐待が始まる。それは容赦ないものである。ある研究者は、年上の兄姉が若いものを一五六九回も突ついたあげく三日の命で死なせたことを観察した。この虐待は一回ごとに起こる。観察された二〇〇の巣のうちで弟妹たちが生き延びたのを観察したのは一回だけであった。

それは鳥だけではない。赤ん坊のシロワニ［サメの一種］は彼ら自身の弟妹を生まれる前に食べる。最初に彼らは母親の子宮の中の卵殻の中で発育する。そこでは、それぞれの胚は一つの卵黄から発育のエネルギーを得る。ちょうどニワトリの卵のように。しかし最後には、その卵黄は使い尽くされる。不幸なことには、それはサメが生まれるばかりになる前に起こる。そこで、最初のサメ（最も年上の）がその発育段階に達した時、子宮の周りを泳ぎ、他の卵殻とその中にいる弟妹を食べるのだ。それは他の卵殻をランダムに食うのではなく、次に大きい弟妹の卵殻を探し出し、それを最初に食べる。そのようにして、その後子宮の中で強力な競争者が誕生するチャンスを奪う。

動物が彼ら自身の兄弟姉妹をさえ殺すという事実は、動物が良きものとして生まれるのではないということに気づかせてくれる。彼らは、彼ら自身の種を維持しようと試みるのではない。また彼らは、彼らのまわりの生態系の他の種を世話するものでもない。その代わりに、それぞれの動物は自分自身を世話する。自然の中の一つの生態系は、それぞれの動物がスクルージの哲学に従う時に生ずるものである（実際、スクルージをコシジロイヌワシと比べた時には、彼は、まったく良い男のように見える）。

しかし勿論、クリスマス・キャロルの最後で（そこに注意）、スクルージは彼のやり方を変える。クリスマスの過去、現在、未来の幽霊は、このままでは彼が自分を失うことになると脅して、貪欲が短期間には利益であっても長期間には悪い戦略であることを納得させる。幽霊はスクルージに、もし彼が貪欲を止めなければ、天国に行く代わりに彼らのような幽霊になるだろうと言う。それがスクルージを驚かせ、彼はただちに態度を変えたのでクリスマスは誰にとってももっと良いものとなり、その中には彼の忠実な書記、ボブ・クラチットも含まれたのである(5)。

では、これらの利己的な動物の全てに何が起こったのだろうか？ 彼らが貪欲によって地獄に落ちたことはなかっただろうか？ 過去、現在、未来からの幽霊が彼らに何と言うだろうか？ 本当の所、貪欲は常に罰せられない。しかしある場合、近視眼的な戦略は長期的には破局に導かれうる。それには、ゴフ島の巨大肉食ネズミより素晴らしい実例はないだろう。

簡単にできる絶滅のしかた

ゴフ島は南大西洋の真ん中にある寒くて雨の多い岩礁の島なのだが、数百万羽の海鳥がここで繁殖する。これらの鳥達の多くは、大洋の真ん中にいる魚を餌にしている。しかし彼らには卵を産むための広い場所が手に入らない。この島は面積が約九〇平方キロしかない——それはネブラスカ州リンカーンの半分より小さい——しかしそこは「世界で最も重要な海鳥の島」と呼ばれている。それは、二〇種以上が繁殖し、あるものは地球上でここ以外には棲んでいないからである。樹木はまったくないので、鳥達は卵を地面に産む。そして彼らのヒナは飛べるようになるまで、そこで生活する。巣作りの戦略は何千年も素晴らしく機能してきた。なぜならば、この島には捕食者がいなかったからである。しかし、約二百年前に全てが変わった。その時人が偶然、船でこの島を訪れてハツカネズミを置いていったのだ。

ネズミは通常、植物食である。しかし、もし食物が乏しければ、ネズミは死んだ動物の死骸を拾い出して食うことがある。それは稀だが起こることである。これらのネズミが一八一〇年頃に最初に来た時に、死んだ鳥が近くにいれば、その死骸を拾って食べた。しかし、ある時、ゴフ島の二、三匹のネズミが、食べる前に海鳥のヒナが死ぬのを待つ必要はないことに気づいた。捕食者がいない島にあまり長く生きていたため、海鳥達は陸上の捕食者から自らを守る戦略を持っていなかった。ネズミ達は海鳥のヒナを生きたまま食べられると気づいたのである。

この島を訪れた生物学者は、このことに注目した。ヒナが巣に無防備で座っていると一匹のネズミがやってきて、その胴体を噛み始める。それは他のネズミを引き付け、一〇匹から一五匹のネズミの群れがヒナの皮膚と結合組織をはがし、互いに争いながら肉を噛み、そして遂には背中に直径約五センチの孔をあける――その孔からは内臓がはっきりと見える。ヒナはこの傷によって間もなく死に、ネズミはなおも食べつづけ、あとには骨以外に何も残らない。

これは、小さいヒナだけに起こることではない。大部分のヒナは少なくとも約四五〇グラムの重さがあり、さらに研究者達は約九キロ以上もの重さの若いアホウドリをネズミが連れ出す所を見ている。それは比較的大きい餌なので一匹のヒナを殺すのにネズミは数日を要する。私には、ヒナにとってそれが明らかに、まったくの責め苦であると思われる。その結果、ゴフ島の海鳥の個体数は激減した。しかし勿論、利己的なネズミはそれについて少しも注意するものではなかった。

ネズミにとって、この島が無限の食べ物のある楽園のように思われた。しかし彼らにとって、それはまた苦しいことでもあった。彼らが到着してから間もなく、この島は肉食ネズミだらけになった。そのため、個々のネズミにとって他のネズミと競争することが、ますます難しくなっていった。消化するための肉がもう十分ではなくなった。生き延びるためには一匹のネズミは他の肉食ネズミの群れを撃退しなければならない。この戦いの中では、一般的により大きいネズミが、より小さいネズミより有利である。そこでより大きいネズミはより多くの食物を食い、より多くの子どもを作る。そしてゴフ島のネズミは世代を重ねるごとにますます大きくなっていった。今日では、そこのネズミの平均の大きさは約三五グラムである。それは通常のハツカネズミの二から三倍である。その大きさの増加はちょうど二百年の間に起こった。しかしながら、彼らをスーパースターにしたこの貪欲は、また彼らを進化の窮地に塗り込めたのであった。

ネズミ達が全てのヒナを食ったので、海鳥の個体数は急激に減り、そう遠くないうちに鳥達がいなくなることは明らかである。それが、ゴフ島の巨大肉食ネズミにとって突如起こる極めて悪いことである。最初、彼らはおそらく互いに食い合うであろう。正常なネズミ達でさえ互いに食い合うことは知られている。ネズミの母親はしばしば自分の赤ん坊を食う。そして、親と親の肉食もまた起こる。しかし、究極的に、この島は肉食者が生きられる場所ではなくなるだろう。おそらく少数のネズミは植物食に戻るであろう。しかし、彼らの大きい体と肉食に関連したその他の体の変化によって、植物性の食物では十分なカロリーを得ることが難しくなるであろう。もし、ネズミがわずかの計画性を持っていたならば、彼らは植物とヒナの死骸を食べて何世紀も楽しく生きることができたであろう。しかし、彼らは前もって計画することはなかったし、そうすることはできなかった。自然選択の過程に長期的な計画がうち立てられることはない。

このように、利己主義は、ある時、個体にとって良いことであったとしても、全体としては、ある種にとっては悪いこととなりうるのである。

動物がそれ自身をこのような窮地に進化させる時、それは自滅に到る選択と呼ばれる。

地球上に生命が誕生して以来、ゴフ島のネズミのような物語は、他の種で、他の場所で、他の時に、数え切れないくらい行われたであろう。動物達は新しい環境に移動し繁栄する。しかし、そこでの彼らの存在は同じ動物がもはや生存できない所まで物事を変える。そして人間もまた、ひとたびそこで得た環境のいくつかを変えているのである。

人間が五万年前にオーストラリアに初めて到着した時、彼らは大きい動物を組織的に全滅させた。約九〇キロ以上の重さの一九種の哺乳類が、人間の到着後まもなく消滅した。また、重さ約九キロから九〇キロの間の全ての種の半分以上が同様に消えた。私達は今日、オーストラリアのカンガルー、コアラ、ウォンバットを知っているし愛している。しかし、もし人間がその大陸に、そのような災害をもたらさなかったならば、私達は約一六〇〇キロのカバのような大きさで、肩の高さが約一・八メートルのウォンバットや、約二二五キロの重くて跳ぶことができないカンガルーや、カンガルーのような袋を持つライオンもまた知っていたことだろう。これらの動物達は直接人間によって狩られた。人間はまた、農業のために広い地域の木を切り倒して焼き、そのことが多くの植物食の動物達から彼らが依存していた植物を奪った。オーストラリアは現在、私達にとって原始的で貴重なものに見える。しかし、その植物と動物は、最初に人間の植民者がそこで見つけたものの小さな部分集合なのである。初めて読んだ人は理解しがたいだろうと思うので、私はもう一度言いたい。オーストラリアの大きくて非凡な動物達の半分以上が失われたと。

北アメリカも一万年から二万年前に人間が到着した時に、似たような破滅に見舞われた。マンモス、サーベルタイガー、地上性ナマケモノは人間の到着後二、三千年で全て消滅した。そのパターンはオーストラリアと似たものであった。重さ約九〇〇キロ以上の全てのものと、約三二キロから九〇〇キロの間ののの半分以上がいなくなった。アメリカバイソンとハイイログマとアメリカアカシカはとても素晴らしいが、カナダのジャスパー国立公園を歩いている時にマンモスやラクダもまわりにいたらよいと思うことだろう。興味深いことに、北アメリカでの動物の消滅は人間の活動と合わせて、同時に起こった気候の変化によるものと考えられる。これらの気候変化は、世界で現在起こっているような人間が原因のものではない。

動物達は南太平洋の島々からも消えた。それは過去四千年ほどの間に起こった人間の植民によるものである。多くの人々はドードーという鳥について聞いたことがあるだろう。それは一六〇〇年代にインド洋のモーリシャス諸島からいなくなった。しかし、この大きくて戦わない鳥は南太平洋の島々で、かつては極めて普通の存在であった。サモア、フィジー、ハワイ、ニュージーランド、ラパ・ヌイ（イースター島）は全て、人間の到着とともにこの鳥の絶滅をこうむった。人間は全部でおよそ一〇〇〇種類（その中にはドードーも含まれる）の大きい鳥をこれらの島々から消し去った。そして、コウモリ、ヘビなどを含むその他の動物の消滅は今日でも続いている。

人間は新しい陸地に到着した時、その軌跡を確実に残している。それは、私達にゴフ島のネズミのような途方もないことをさせる。しかし、人間もまさに動物なので、人間の短期的な考えと貪欲には、われわれの動物としての特色が輝いていると述べるのは公平だと思われる。現代社会の心地よさの中で、私達の真の特色は隠されている。しかし、基本的に、私達はまさに、全員が巨大ネズミなのだ。その証拠は、人間が彼らの本能にもとづいて行動するパニックの瞬間の中に横たわっている。もしあなたがそれを少しでも疑うならば、難破した時の人間の動物的な行動を見るのが良い。

人は本当に理性的か？

一隻の船が海で沈む時、誰もが次のルールを知っている。男性は「女性と子どもを先に」助けることが期待される。さもなければ、女性と子どもは公平なチャンスを持てないからである。人が一隻の沈みゆく船から逃げて救命ボートに乗ろうとする時、このルールは大きく、強いものとなる。人は破片や他の人のいる通路と吹き抜け階段を、速やかに動かなければならない。そこにはまた、高い大洋の波や凍える海水の中での泳ぎも含まれる。一般的に、男性は女性や子どもに比べてより強く積極的であるから、非常時にはそれが不当に有利になる。だから、男性が利己的に行動しないように「女性と子どもが先」というルールがあるのである[6]。

ここで、期せずして行われた実験がある。もし人々が基本的に寛大であるならば、男性は常に、女性を海上の災害において助けなければならない。そうすると女性はこうしたシナリオにおいて男性より生存率が高いはずである。もし、人々が利己的ならば、男性が女性よりも高い割合で生き残るだろう。そこで何が起こるだろうか？

一八五〇年代から二〇一〇年代の間の一八件の海難事故を調べた所、研究者は女性の生存の見込みが男性の約半分であることを見いだした。このことは、時には男性が女性を救うことはあっても、より多くの男性は彼ら自身を救うということを示している。同様に、船員達はその旅客よりもより多く生き残る。それは彼らが、どこに救命ボートがあるか、またそれをどのようにして動かすかを知っているからである。これは、どちらも昔だけの問題ではない。二〇一一年にロシアの遊覧船ブルガリアが沈んだ時、生き残ったのが男性の六〇パーセントであったのに対し女性は二七パーセントだった。二〇一二年にクルーズ船コスタ・コンコルディアがイタリア・トスカーナ州沿岸で座礁した時、船長が破廉恥にも乗客の脱出が完了する前に岸に上がった。その時には三二人が亡くなった。三〇人の遺体はコスタ・コンコルディアの残骸から回収された。そして二人はまだ見つからないが、おそらく亡くなったことであろう。

勿論、誰もがよく知っている海難事故は豪華客船タイタニックであろう。この船は一九一二年の夜に、冷たい北大西洋で一つの氷山に突っ込んで、ゆっくりと沈み一四〇〇人以上の人々が命を落とした。それは疑いもなく悲劇的事件であった。しかし、ある理由から人々にそれが十分にわからないように見える悲劇であった。そうだ、タイタニックについて他と違う何かを探そうとするなら、その生存率を見たら良い。タイタニックは十八世紀のたった二つの海難事故のうちの一つで、人々が「女性と子どもが先」というルールに実際に従った事例である。女性の生存率は七〇パーセントであるのに、男性は二〇パーセントだった。それでは、何がタイタニックを特別にしたのだろうか？　何故、男性がルールに従い、他の海難事故ではそうでなかったのか？

答えは、そうめったにはいないヒーローであるタイタニックの船長、エドワード・スミスにあったと思われる。スミス船長は彼の船員に、女性と子どもは最初に救うべきだという命令を与えた。彼の船員達は脱出の間中、自分を救おうとする利己的な男性を効果的に妨げてルールに従うように積極的に励ました。船員はその夜、救命ボートに乗ろうとする男性を射撃したとすら書かれている。船員が「女性と子どもが先」のルールを強めたので、利己的な旅客が彼らの本能に従って行動することができなかったのである。

このような歴史的な記録を見て、「いや、私は先に逃げたりしない」と言うことは立派である。しかし、あなた自身に、それが本当かどうかと尋ねることに挑戦したい。溺れることは死への恐ろしい道であるだろう。あなたが、男性であろうと女性であろうと、あなたは本当に誰かのために救命ボートの席を譲るだろうか、あなたにはわからないだろう。もし、あなたが救命ボートの上に一つの空席を見た時に、あなたは見ず知らずの人達全体が生きるように、そこから立ち去ることができるであろうか？

私は、そのような立場（とんでもないが）になるまで、誰もどのように行動するかは本当にはわからないと思う。しかし、もし私が海難事故にあったら、できるだけ多くの女性と子ども——男性をも——を救うために何でもすると思いたい。しかし、二番目に私自身の生命が危険だと感じる時、私は救命ボートの席に腰をおろすだろうと言うのがフェアーだと思う。あなたはそうしませんか？　私は良い人でありたい。しかし基本的に、私は知らない不特定の人々よりも、私自身の幸福な状態に投資したい。

ここで、一人の父親が事態を大きく変える。

もし、私が沈みつつある船に息子と共にいることを想像すると、私はサムを生かすため、他の人々を死なせるだけでなく、もし必要なら彼らを殺すだろう。実際、サムが生き延びるなら私自身の命を犠牲にしさえするだろう。

私は、ほとんどの両親が彼らの子どもたちに同じことをするだろうと思う。そして、動物は常にこれと似た決断をする。鳥は近寄ってくる猫に急降下することによって、その卵を救おうとする。たとえ、それがその鳥を危険にさらすとしても。もし、水牛の赤ん坊がライオンに襲われるならば、その母親はライオンを角で突き刺そうとする。実際、ライオンは代わりに彼女を攻撃するという事実にもかかわらず。生か死かの状況において親たちは本能的に幼い子のために彼らの命を懸ける。なぜならばそれは、しばしば生きるために最も貪欲な道だからである。要するに、彼らは生きることについて貪欲なのではなくて、彼らのＤＮＡをうけ渡すことについて貪欲なのである。

全てはＤＮＡが操っている

さあ、さらに歩みを進めよう。そして、これはちょっと驚かされる内容なので少々お待ちいただきたい。動物はＤＮＡを守るものではまったくない。ＤＮＡがそれ自身を守る。動物の体は一つの精巧なロボットである。それは肉と骨からなり、ＤＮＡによって動物自身を守るために作られている。これが動物について述べるための最も正確な方法である。それは一種の生体ロボットである。

その中には私達も含まれる地球上の動物達は、『帝国の逆襲』［スター・ウォーズ、エピソード５］に出てくる巨大なＡＴ‐ＡＴ［全地形用装甲歩行兵器］のようなものである。遠くからは、それらは独立した生き物のように見える。しかしそれらはただの四本の脚を持つ乗り物で、他の人々との戦闘のために作られ操縦される。私達の体はこれと同じようなものと考えることができる。私達は一人一人ＤＮＡ分子によって作られている――そのＤＮＡ分子は他のＤＮＡ分子と戦争中である。動物達の体、私達の体はまさに戦闘中のＤＮＡ分子の生体ロボットなのだ。

しかし、ＡＴ-ＡＴと動物の間には重要な違いがある。戦闘の間、ＡＴ-ＡＴはその中にいる人によって操縦される。ＤＮＡはそうしない、なぜならＤＮＡはそこからどこに行こうかというアイデアを持たない。その代わりＤＮＡはその動物を自律的に機能するように作る。それは呼吸する衝動、痛みを避ける衝動、性行為をする衝動のような衝動と本能の生得的組み合わせでもって作られる。これらの本能は動物を生かし動物が繁殖するように強制する。その結果、ＤＮＡは生き延び次の世代にうけ渡される。そうして、ＡＴ-ＡＴのような生体ロボットの次の世代を作ることができる。

あなたが高いバルコニーの欄干から見渡している時に、その縁から引き戻されるように感じたら、それはあなたのＤＮＡプログラムが働いたのだ。新たな片思いがあなたの全世界を乗っ取る時そして誰かに手を握られて心臓が破裂しそうだと感ずる時――ＤＮＡがあなたのボタンを押しているのだ。それらは本能である。私達にとって最も大事な、命、愛、そして性は私達の中のＤＮＡによって生体ロボットに書き込まれたプログラムなのである。

私は約二十年前に、リチャード・ドーキンスの『利己的な遺伝子』という本によって、この考え方に触れた。私は、この本を読んで以来、私自身を別のものと見るようになった[7]。例えば、もし私が自慢したくなったり、ボスと仕事の話し合いでストレスを感じた時は、私自身が生体ロボットとして働いていると考えることで、その状況から離脱できるように思う。私がそうする時、私は何とかそのストレスから少し解放される。私が私自身をプログラムされた機械であると見る時、利害関係ははるかに低く感じられる。

しかし、そのような考え方はサムが生まれて以来、一つの輪として私に投げられた。私はDNAで書かれた衝動としての私の親らしい性質について考えたいとは思わない。単に私のDNAがそうしろというから息子を愛するのだと考えることは気の滅入るようなことである。なぜならばそれは、サムを愛するということは本当は私の決定ではないということを意味するからだ。それは私がサムを世話する生ける屍であることを意味する。なぜならば、私のDNAは生きるためにそれ自身のコピーをサムの中に求めるからである。それは、まったく悲しいことである。

私がサムとの時間を過ごす時、サムと私が生体ロボットであると考えることは悩ましいことである。彼は私の目の前で笑う、無邪気で、利口な子であり、育ち、学び、生きている。しかし、私はものごとを考え過ぎて私達をロボットとして見ている。サムと遊びながら、彼に本を読んでやり、彼を追いかけ、彼を笑わせる——ある時には私は彼と一緒にいるが、何が起こっているかをよく知っているので、一日中そこにいるわけではない。サムは私のDNAの五〇パーセントを担っている。そして、私のDNAは彼を愛すると私に考えさせることによって自身の生存を確かなものとしている。操られている人形であると知った時、夢中になって遊ぶことは難しい。

そして、それほど悲しむべきことでないにしても、サムが私にキスしたり私に微笑みかけたりした時に、それは彼のDNAが自身の生存を確かなものにするためなのだということを私は知っている。私達はまさに一対の生体ロボットである。全ての他の動物のように、サムと私は私達の中にあるDNAによって命じられたようにお互いを使って私達の生命を利己的に進めつつある。煎じ詰めれば、私達が互いに感ずる愛と私達の美しい関係は利己的な貪欲なのである。

（1）教授達は間違っていない。タンザニアだけで、一九九〇年から二〇〇七年までの間に一〇〇〇人がライオンに襲われた。ライオンは牛を飼う人や外で遊んでいる子どもをしばしば襲う。時にはライオンが人々を寝床から引きずり出すことさえある。このライオンのやっかいな習性から、その生息地で生活する人々はライオンをぜひ排除してもらいたいと思っている。そのためライオンの保護にはまったく難しい問題が起こる。また、ライオンの走る最高速度は時速約五九キロである。ウサイン・ボルトはロンドンオリンピックで一〇〇メートル短距離競走を九・六三秒で走って金メダルを獲得した。それは全競技者を上回る平均時速三四・五キロであった。

（2）オスの皇帝ペンギンは食物なしに一〇五日から一一五日過ごし、体重は平均して約三七キロから約二四キロに減る。ペンギン達は彼らが他のペンギンと群れをなした時にだけ卵を孵すことができる。

（3）この研究は、その群れを暖かく保とうとする能力にはいろいろな要因があることを示している。その中には風の速度、群れをなすペンギンの数、上から見た群れの形などがある。けれども、全体として、一匹のペンギンの運動は私が述べた法則によって最もよくあらわすことができる。一匹のペンギンがそこで何を考えているかを知ることは出来ないが、彼らは、他のペンギンがどうあろうと、彼ら自身を暖かく保とうとしているかのように行動する。

（4）一匹のライオンの子が九ヶ月まで生存するチャンスは、通常五六パーセントである。しかしながら、もし新しいオスがその群れを引き継いだならば、子の生存率は一四パーセントに急減する。

（5）スクルージは、幽霊が彼を訪れたあとでも、実際には利己的なままでいたと言ってよいだろう。幽霊が彼の金は死んだあとで彼を助けることがないと指摘すると、彼は快適な後半生を手に入れることに努力すると決めた。彼は彼自身の関心事を大切にすることは決して止めなかった。彼は、その焦点を、より金持ちになることから天国に行くことへと変えただけである。彼が突然、誰にでも親切になったのは彼の利己主義の副産物にすぎない。

（6）その種の競争において平均的な男性に勝る、多くの女性がいるということは明らかである（例えば、私の妻シェルビーは私よりも速くまた遠くまで走ることができる）。しかし、平均して、男性が優越している。男性と女性のランダムサンプルにおいて、最速の一〇パーセントは女性よりも男性からなると思われる。

（7）『利己的な遺伝子』は自然選択についての最良のテキストである。私がこの本の中で使う「生体ロボット」という主題は、ドーキンスの、個体からDNA分子への観点の変革によって示唆されたものである。彼の本はその理由からそれだけでも確かに読むに値するものだ。ボーナスとして、この本ではミーム［習慣や技能、物語といった人から人へコピーされる情報］という言葉が最初に作られた。その理由からしても、この本を読むのは意味がある。

第2章　交尾のためなら、なりふり構わず〈情欲〉

ストレスが極限になっても

おそらく、あなたは私がＤＮＡの動物への影響を誇張していると思っていることだろう。生体ロボットのアイデアは行き過ぎではないか？　ともかく、動物は脳を持っている。脳は動物達を螺旋状の微小な分子（ＤＮＡ）をコントロールできる位置に置いているのではないか？　確かに、私は大胆な主張をしてきた。そこで私は、動物自身に彼らの物語について語らせてみよう。ＤＮＡが操縦席にいることを、そして最良の証拠は性行為にあることをあなたに見せたい。

ここには、性行為を興味深いものにしている何かがある。人間を含む動物は「いかに彼らが長く生きられるか」と「彼らが繁殖できるかどうか」の間のトレードオフ［二律背反］に直面している。もしある生物が確かにコントロールされているならば、それ自身の生存を最適化するような決定をするであろう。そして、性行為によってその寿命を短くすることがない限り、それを行うであろう。しかし、私達が自然の中で見ることはこれとまったく反対なのである。再三再四、動物は彼らのＤＮＡをうけ渡すためにいろいろなことをして、それが彼らの体を傷つける原因となっているのだ。動物は性行為を行うせいで死ぬことすらある。これらの動物の決定は、繁殖が生存より重要であると納得させる証拠を作り上げている。ＤＮＡは確かに動物をコントロールしていて、体はまさに生体ロボットなのである。精巧ではあるが、それでもなお生体ロボットなのだ。

私が子どもだった頃、動物が最初に交尾することをいかにして知るかということを不思議に思った。私は動物達が本能的に危険を避けることには驚かなかった。しかし、ある理由から私は動物がいかにして交尾することを本能的に知るかについて、いつも頭を悩ましていた。動物は訓練することなしに、精子が卵と結びつくように彼らの体のある部分を極めて特殊な方法で相手に押し込む。そして本能的にやっているのは交尾だけではない。性的興奮によって、オーストラリアのアオアズマヤドリのオスはその巣の外側の地面を飾るために、何か青いもの——果実、花、ビック［文房具ブランド］のペンキャップなど、なんでも——を集める。それは青い物がメスを惹き付けるからである[1]。また、オスのオオツノヒツジは性的興奮によって互いに彼らの頭を打ちつけあう。これも彼らが一匹のメスを獲得するためである[2]。

それらは全て本能的に起こる。私にとって、動物達が捕食者から逃げるようにプログラムされていることには驚かないが、性行為のために彼らがプログラムされていることには驚嘆する。

私が十歳の頃、人間についても同じことを考えた。ベッドの中で何をするかを人間はいかにして知るのか？　私は、私達が消滅しないように、いかにして赤ん坊が世代から世代へと作られるのかという秘密を、教えてもらわなければならないと深刻に考えたことを覚えている。そうでなければ、これまで地球上で誰が陰茎を膣の中に入れることを思いついたのだろうか？　私は、難破して島に残された、まだそうしたことを教えられていないティーンエージャー達が、どうしたらいいか考えつかないという場面を想像した。「もし互いに重なり合うことを理解したとしても」と私は考えた。「もし彼らが彼らの衣服を脱ぐことを知らなかったら？　いかにして彼らはそのやり方を理解するのだろうか？」

しかし、ひとたび私が思春期に達すると、私の心配はとんでもない見当はずれだったことが分かった。私が以前に大人達の間の極めて不思議な儀式だと考えていたものが、私の唯一の関心事となった。中学生になった時、私の性行為をしたいという衝動は生きていたいという衝動と同じ位強いものに感じられた。私のＤＮＡは私の生体ロボット自身に、猛烈なホルモンの形で新しい指示を送った。そして突然、私の全神経はこれらの指示を実行するのに必死になった。女の子の事しか考えられなくなった。おそらく、その衝動の強さはアオアズマヤドリやオオツノヒツジと同じ位のものだと思う。

この章は情欲を扱う――それはＤＮＡが駆り立てる赤ん坊を作ろうとする圧倒的な衝動である。そのため動物達は互いに傷つけあい、自分自身を傷つけ、その命さえ犠牲にすることがある。私は繁殖のために動物が行う、最も極悪な犠牲に光を当てることから始めたい。それは生きながら食われることから陰核(いんかく)を裂き開けることにまで及ぶ。これは私達自身が性行為と自然について考えることへの挑戦である。そのようなことが自然の子どもの出産としてありうるだろうか？　同性愛は自然なものか？　強姦は自然か？　自然がそれほど不道徳で、下品で、全く不愉快であり、そして、自然のありようを私達自身のルールを決めるために使うべきでないことが、すぐにわかるであろう。

次に行こう。

オスのアンテトガリネズミほど性行為のために、あぜんとするような犠牲をはらう動物はいない。アンテトガリネズミは可愛い。彼らはオーストラリアに棲んでいる。眼が大きく長い毛のネズミのように見える。しかし、彼らは実は有袋類である――ネズミよりもカンガルーとコアラに近縁の袋を持った哺乳類である。何がアンテトガリネズミを普通でないものとしているかというと、毎年繁殖期をあまりに強烈に過ごすために、この種の全てのオスが殺されるからである。

交尾期は八月で、三日から二週間ほど続く。一匹のオスのアンテトガリネズミにとって、この期間が彼の遺伝子をうけ渡す唯一のチャンスである。そこで彼は最良の射精を行うために全てを犠牲にする。この時、テストステロン［男性ホルモンの一種］のレベルは通常の一〇倍までうなぎ登りになる。精子の生産は加熱する。交尾期が始まると、オスはあまりに精子ができるために小便をするたびに少し漏らすようになる。しかし、オスはその精子を全て必要とする。なぜならアンテトガリネズミの交尾はマラソンのようなものだからである。交尾は六から十二時間続く。

何時間も。

小さいネズミ大の毛皮の球が、タントラ種馬［タントラとは密教の聖典］のように愛し合う。交尾シーズンが短いので、オスがメスと長くくっついたままでいることで、他のオスと交尾しないようにする。また、そのことによって、十分な精子を彼女の生殖器官系の奥深く入れる時間が得られる。彼の遺伝子あるいは誰かの遺伝子が全て渡されるかどうかは、その週の彼の働きにかかっている。彼は誰にも印象を残さない（ただし、私には極めて印象的だ）。彼は彼のＤＮＡをうけ渡すためにそれをするのである。

オスがなぜ交尾がそれほど大切であるのかを知っているかについては、議論のある所である。しかし、交尾が彼にとってストレスであることは確かである。交尾シーズンの間、オスのアンテトガリネズミはストレスホルモンの桁外れなレベルを経験する。これは考えうる限り最もストレスの多い状況、例えば南北戦争［一八六一～一八六五年のアメリカの内戦］によって人々が家を追われたような場合に、このホルモンが分泌される。私はコルチゾール［副腎皮質ホルモンの一種］のことを言っている。それはオスのアンテトガリネズミと心的外傷後ストレス障害（ＰＴＳＤ）の人で、多量に分泌される。これらのホルモンは副腎から出るのだが、厳しい条件の時にエネルギーをいかに全身に分配すべきかを次のように指示する。「脳、腎臓、そして免疫システムでエネルギーを使いすぎるのをやめろ。予備の脂肪をとりくずせ。筋肉をすぐ活動できるようにせよ！」これらのホルモンは、ある動物が短期間に困難から生き延びることを助ける。しかしもし、その量があまりに多く長く出続ける場合には体を傷つけ始める。

　メスと交尾するために、一匹のオスのアンテトガリネズミは、まず他のオスとの戦いに勝たなければならない。そして、この高いストレスレベルは彼がそうするために必要なエネルギーの急増を助ける。しかし、アンテトガリネズミの進化の中のどこかで、オスがこうした戦いに勝つためのホルモンのレベルがコントロールできなくなった。オスは腎臓障害、潰瘍、免疫システムの破壊、その他の問題によって全身に打撃を蒙る。それは、ストレスホルモンレベルが彼らの体が耐えられるよりもあまりに高いからである。全てのオスは交尾シーズンの終了後、一年以内に死ぬ。

　研究者達はアンテトガリネズミの精巣（せいそう）を切り取る実験をした。そして、これらの去勢（きょせい）されたオスは交尾シーズンを何の問題もなく生き延びた。これを一口で言えば、一つのトレードオフである。交尾を望むなら、命を縮めなければならない。もしオスのアンテトガリネズミの生体ロボットが自らをコントロールできるなら、できるだけ長く生きるためにストレスのある性行為を省くだろう。しかし、彼らの車輪の背後にいるDNAのために生体ロボットはその呼びかけには答えないのである。

命だって惜しくない

これとよく似た、性行為のための自己犠牲は多くのオスのクモで起こる。しかし、彼らはストレスのために死ぬことはない。彼らは性行為の間にメスによって食われる。それはメスの共食いと呼ばれ、多くの様々な種類のクモで起こる。メスのクモは、ほとんど常にオスよりも大きい捕食者である。そのため彼はまさに彼女が食べたがる動物の種類のように小さいものとなっている。彼女と性行為をするには、彼は攻撃される距離の中に彼自身を置かなければならない——彼にそれ以外の選択はない。しかし、もし彼女が空腹でなければ彼にはチャンスがあるだろう[3]。そこで、ある種のクモのオスは彼らが交尾したい時に「婚礼の贈り物」として食べ物を渡す。この場合には贈り物が大きいほど、彼は彼女に食われる前により長く交尾することができ、より多くの彼女の卵が彼のものとなる[4]。これがうまくいけば、オスにとって一つの重要な手段となる。しかし、多くのクモの種はこうした贈り物をしない。多くのオスグモはメスが空腹でないことを期待してサイコロを振る以外の方法を取らない。

メスが共食いをするクモの種の一つに、ネフィレンギスと呼ばれるコガネグモ科のクモがある。しかしこの種のオスは贈り物をするのとは異なる生存戦略を進化させてきた。贈り物の代わりに、彼らは交尾の間に彼ら自身の陰茎を剝がす。

さて、本当のことを話そう。それは実は陰茎ではない。それは触肢と呼ばれる。そして、触肢は一つではない。彼はそれを二つ持っていて、頭の両脇に着いている。いずれにせよ、他のクモと同じように彼は触肢をメスの腹部にある孔に差し込むことによって彼女と交尾し精子を注入する。しかし、交尾の途中でオスのネフィレンギスは触肢を引っぱって切り離し、それを彼女の中に残す。そして、逃走を企てる。彼は逃げられるとは限らない――オスの生存率は約二五パーセントしかない――しかし、たとえ彼女が彼を捕まえて食っても彼の触肢は精子を彼女に注入しつづける。その間、彼女は食物によって紛らされている。これは世界で最も確実な戦略とは言えないが、それは働くのだ。

もし、大いなる幸運がもたらされてオスが逃げることができたら物事はもっと面白くなる。いまや彼は触肢を失い去勢されて、メスの攻撃から届かない所でロマンスの考えを持ったオスが接近してくるのを待つ。オスが近づくと、去勢されたオスは無傷の侵入者と命がけで戦う。彼はこれ以上決して繁殖することができないので、彼の唯一の希望は彼が逃げてきたばかりのメスの中にＤＮＡが置かれていることである。彼のＤＮＡのために、最良の戦略は、他のいかなるオスとも彼女が交尾しないよう妨げることである。そうすれば、彼女の産む卵は誰か別のものではなく彼のＤＮＡを運ぶことであろう。

ほどなく、研究者達は去勢されたオスと無傷のオスとの間に戦いが起きた時、去勢されたクモがほとんど常に勝つということに注目した。生殖器が切り離されたことが、そのクモを強くするのかどうかを研究者たちは知りたいと思った。そこで彼らはクモ達を机の上で消耗して衰弱するまで絵筆で追いかけ回す実験を行った。驚いたことには、研究者達は去勢したクモが、そのままのクモより八〇パーセントも耐久力があることを見いだした。触肢をそのまま持つ無傷のクモは、恐らくどこかで他のメスが手に入るだろうから早くギブアップする本能を持っているように思われる。去勢されたオスには他の選択肢がないので、彼が出会った全てのオスと戦うのであろう。

人間の男性も性行為によって彼らの生命を短くする。多くは性交そのもののストレスから死ぬのではない。そして、彼らの女性のパートナーから殺されたり食われたりするのでもない。しかし彼らはなおも代価を払う。特に、人間についてわかったことだが、オスの体の中の性ホルモンは平均余命を短くする。この効果の証拠は、十八世紀と十九世紀の朝鮮で去勢された男性の興味あるデータによるものである。その当時、ハーレムにいる腕力のある男達は、警備員や労働者として働くために去勢をほどこされることがあった。思春期前に去勢されたこれらの男達は皇帝にとって便利な使用人であった。なぜなら、肉体労働をすることはできるが、その家の女達と性行為をしようとはしなかったからである。宦官（かんがん）［去勢された男性］は完全に健康だが睾丸を持たない。そして睾丸はテストステロン［男性ホルモンの一種］を作りだす器官なので、宦官は彼らの体の中にホルモンがないだけで、その他の点では正常に生きる。

ここに、人間の男性が性行為をしない男性よりも寿命が短いという証拠がある。宦官と同じ社会で同様な社会経済的地位にある、そうでない男性と比べた時、宦官は平均して十五年から十九年長く生き、七十歳まで生きるのが普通だった。睾丸のある労働者は四十代の終わりまでしか生きられないのに対し、宦官の一人は百九歳まで生きたのだ！　この違いは、女性が男性よりも通常長く生きることとあわせて、人間の男性はテストステロンによって寿命を短くされていることを強く示唆する。テストステロンなしに精子を作ることはできないので、人間の男性は性行為によって彼らの寿命を短くされていると言うことができる。

そして、人間の男性と同じように悪いことには、オス達はその種のメスから何も得られない。メスも妊娠と出産以外に彼女らのＤＮＡをうけ渡すことができない。そして人間の出産は美しく、人生が一変する出来事ではあるけれども、それはものすごく危険でもある。

自然な出産とは？

北アメリカでは十五歳の少女が母となることによって（妊娠、出産、あるいは妊娠中絶の失敗）死ぬ確率は、三八〇〇人に一人である。この信じられない確率は主に近代医学が可能にしたものである。私は、出産前の血圧測定、感染を防ぐための消毒、もし感染が起こった場合の抗生物質や、出産後の大量出血を止める投薬のような基本的なことを言っているのである。こうした単純なことが、女性の生存率を大いに改善した。その証拠として、これらの手段が手に入らない場所を見ることができる。サハラ以南のアフリカの十五歳の少女の妊娠、出産、妊娠中絶の失敗による死亡の確率は一五〇人に一人である。[5] 九九パーセント以上の生存確率はかなりのものと思われるかもしれない。しかし、それらは北アメリカの確率よりも二五倍も悪い。そして数百万人の女性について見る時には、これらの母親の死は極めて大きくなる。

あなたが二十四時間前にどこにいたかについて、ちょっと考えてみましょう。いいですか。読むのを止めて、時計を見て、何をしていたかについてしっかり考えてください。

できましたか？

その時から、二十四時間の間にほぼ八〇〇人の女性が妊娠、出産、あるいは妊娠中絶の失敗によって痛みを伴う悲劇的な死を遂げている。そしてこれらの死の九五パーセントは、基本的な近代的医療によって避けられる。(6) それは毎日起こっている。そしてこれらの数は、母なる自然が私達の世話をしないということの具体的な警告なのである。

私達は動物である。そして、他の動物達のように、私達の体は生存と繁殖の間のトレードオフを反映している。大きい脳の人間は小さい脳の人間との競争に強い。その結果平均的な人間の赤ん坊の頭は、その母が扱うことができる究極の限界に達している。鎮痛剤や抗生物質が出る前、数世代前でさえ子どもの出産がどのようであったかを想像するならば、自然は極めて不親切なものに見え始める。先進国では、そのことが時には忘れられやすいのである。

私の妻のシェルビーがサムを身ごもったことが分かった時、私達は彼女が死ぬ可能性があることを考えもしなかったし、そう考えるべきだとも思わなかった。もし私達がそれを調べたならば、彼女が死ぬ確率はおよそ一パーセントの八〇分の一であったことを知っただろう。この確率の下で、私達は全ての経験をコントロールする贅沢を得た。私達は子どもの出産のため、幾つかの選択肢から選んだ。シェルビーが自宅で産むか、病院で産むか。赤ん坊を助産師に取りあげてもらうか、医師に頼むか。シェルビーが鎮痛剤をまったく使わないか、硬膜外麻酔によって下半身を完全に無感覚にするか。その決断がどうあろうと、私達は彼女と赤ん坊はほぼ確実に生存できることが分かった。

これらの決断とそれにまつわる事柄が、「自然出産」と「医療出産」の間のどこかに存在する。ここで私は、性と自然についてどう考えるかチャレンジを始めたい。何が「自然な」出産であるかについてちょっと考えてみよう。赤ん坊がどこで産まれるか、がそれだろうか？　薬が使われるかどうか、がそれだろうか？　誰に赤ん坊を取りあげてもらうか、がそれだろうか？　一回の出産を、他のものより自然にするものは何か？

出産予定日に近づくにつれて、私達が望む決断なら何でもよいと誰もが言い続けた。しかし、特に私達の友人達から、できるだけ「自然な」コースを選ぶようにというはっきりとしたプレッシャーがあった。人々は次のような、完全に意味の無いことを言い続けた。「女性達は何世紀も赤ん坊を産んできた」。（それが何と助けにならないことだろうか？　赤ん坊の出産で死んでいる女性もいる）。いっそう悪いのは、何人かの人々が次のように言って、私達を落ち着かせようとしたことである。「シェルビーがリラックスしている限り、悪いことにはならないよ。彼女の体にさわってあげなさい。事態がその自然のコースにいるように」あるいは、「それが彼女の体に合っていることですよ」と。

私にとって問題なのは、自然出産の概念とは何かということである。

もし、人が「母親が自分で自然にしていれば、事態はうまくいく」と言うならば、事態が悪い時には、女性が自然にすることに失敗したということを意味する。毎年二五万人以上の女性が出産のために亡くなるというのは悲しい。二〇一〇年には約二八万七〇〇〇人の女性が出産で死亡した。しかし、彼女の死の原因の一部でも、それは彼女が「自然に」振る舞わなかったせいだと非難することは不当である。

それに加えて、自然にという言葉を、近代的な技術に接してきた女性に強制することは、彼女を極めて困難な状況に置く。これまでの生涯の中で、自ら希望するものを選びとってきた女性達に、出産についてはその選択を許さないことになる。例えば、もしある女性が有機栽培の食物を食べること、あるいは屋外で過ごす楽しみを選んできたならば、彼女は、また「自然な」とラベルがついている出産を決断しなければばならないというプレッシャーを感ずるだろう。勿論、いかに赤ん坊が産まれてくるかは、何を食べるか、あるいはいかに運動するかといったこととは次元が違う。しかし物事がそのように示されるならば、それらから究極的に最良の一つを決断することが押し付けられる。

例えば、硬膜外麻酔をとりあげてみよう。女性は自然のままにするのであれば、硬膜外麻酔なしに出産の痛みに耐えなければならない、というのは私には正気の沙汰とは思われない。出産は、疑いもなく人間にとって最も厳しい経験の一つである。だから、女性が無事に出産するため近代的医療を使う時に、何故それに「不自然だ」とレッテルを貼らなければならないのだろうか？　私は全ての女性が硬膜外麻酔をすべきだと言うのではない。私が言いたいのは、硬膜外麻酔を選ぶのが女性らしくない行動の一種だと見るべきではないということである。硬膜外麻酔をしない出産が鎮痛剤を使ったものよりも、より「自然だ」というレッテルを貼ることは公正ではない。人間はあらゆる理由をつけて薬を使う。また人間は何世紀も麻薬を使ってきた。なぜ突然、出産だけが薬の使用をタブーとするのか？　私は女性に硬膜外麻酔があり男性にはそれがないからだという気がする。もし、私の頭が痛ければタイレノール［頭痛薬の一種］を使う。そして誰もそれによって私が不自然だと言うものはいない。何故、女性が出産に臨んだ時に突然、苦境に耐えなければならないのか？

何処で子どもを産むかについての決断がある。多くの人々は家での出産が病院での出産よりも、より自然だと考える。これにも私はイライラさせられる。治療のために病院に行く男性が不自然だとレッテルを貼られることを考えてごらんなさい。女性達の生涯で最もつらい日に、恣意的で不当な、女性だけの基準を作ることは馬鹿げている。男性にはそれに相当するルールがないのに。もし、一人の女性が病院に行くことが、そんなに不自然ならば私達は女性が医師として働くこともまた止めさせるべきではないか？

はっきりさせよう。私はいかなる特定の選択――病院か家か、薬なしか硬膜外麻酔か、助産師か医師か、帝王切開か経膣分娩か、しゃがんで産むか、あおむけに横たわって産むかをも擁護するものではない。これらは全て正当な選択肢である。私が言いたいのは、女性が望むどんな経験を選ぶことも自由になるように、この問題から「自然な」という偽りのレッテルを取り除こうと言っているのである。

いろいろな人々が「自然な出産」にそれぞれの定義を持っていることの理由は、それが一つの架空の概念だからである。病院の部屋も、近代的なリビングルームも、私達の祖先が七百年前に出産した場所を再現するものではない。そして、その時代も私達の祖先が百万年前に経験したことと似合わない。女性が過去に用いられた手段について考えることは助けになるだろうが、今を生きている一人の女性が、誰かが大昔に行ったことを踏襲するだけが自然だと言うのは公平でない。もし彼女らがそうすべきならば、どの女性か？　どんな文化においてか？　何時なのか？

私としては、一人の女性が国際宇宙ステーションで出産するか、あるいは森の中で彼女の義理の母が熊よけの太鼓を叩いている間に、しゃがんで出産するかは問題ではない。もし赤ん坊が出てくれれば、それが出産である。自然なという言葉は除外しよう。

出産は女性にとっては困難である。しかし、人間よりも、もっとひどい動物がいる。人々が出産について「あなたは妊娠した猫や犬を見倣うべきだ。彼らはどうしたらいいかを知っていて、なすがままに自然に従っているから」と言うのを聞くと、いつもおかしくなる。もし彼らがハイエナをペットに持っていたら、こんなことは言わないだろう。そして、私がその理由を言う時の彼らの顔を見たいものである。

オス化するメス

ハイエナは変わっている。彼らはイヌに似ているが、決してイヌではない。実際、彼らはイヌよりもネコにより近縁である。(7) メスのブチハイエナは特に奇妙である。それは、とても大きい中空で管状の陰核を持つからだ。それはある意図と目的を持っていて、オスの陰茎のように見える。それは陰茎のように膨れ直立することすらできる。陰唇（いんしん）は人間では膣口（ちつこう）の両側にある唇のような構造であるが、ブチハイエナではそれが融合してほとんど陰嚢（いんのう）のように見える。そして陰茎のようにメスの生殖器系の唯一の開口はこの陰核のちょうど尖端にある。彼女らはこれを通じて小便をし、性行為をし、出産をする。ブチハイエナを毎日研究している生物学者でさえ、オスかメスかを識別することは極めて難しい。

性行為の間、オスが彼の陰茎をメスの陰核に突きさす時、彼女の筋肉が陰核の開口を引く。それから全体が反転袖シャツのように反転して折り畳まれる。こんな奇妙な構造をしていても、ブチハイエナは交尾し、なんの問題も無く妊娠する。しかし、出産の時がくると、その巨大な陰核が大きな問題となる。赤ん坊はその尖端の孔に合致することができない。そして悪いことには、臍帯（さいたい）は胎盤から陰核の尖端まで届かない。赤ん坊が生きて外に出るための唯一の方法は、陰核を引き裂いて開けることしかない。その引き裂きは母親が最初に出産する時に起こる。人に捕らえられたものでは、初産のメスの一〇から二〇パーセントが死ぬ。野生のものでは生存率は、はるかに高いようである。しかし、陰核の引き裂きはなおも起こっている。最初の出産のあと引き裂かれた陰核は治る。そして残った傷跡は次の出産をより容易なものとするように見える。

大きいトラブルの原因となるのに、なぜブチハイエナがそのような馬鹿げた陰核を持っているのか不審に思われるであろう。全てはブチハイエナの社会から来ていることが分かった。彼らは厳しい階級組織の中で生きている。ブチハイエナの社会の階級組織を他の階級的哺乳類、例えばヒヒと比べて異常なものとしているのは、ブチハイエナの社会の段階の最上段にはメスが君臨している。実際に、全ての大人のメスの順位は全ての大人のオスよりも高い。一匹のメスのブチハイエナが産まれた時、彼女は産まれた日から彼女の父親よりも上位となる。そして、その父から罰を受けることがない。

メスは攻撃的になるための非常に大きな動機を持っている。メスはオスより上位にいるが、それは彼女らがオスより大きく、より攻撃的だからである。そして、順位がより高いメスほど彼女らの子どもに生存のチャンスがある。さらに、一番上位のメスは最低の順位のメスよりも二・七五倍も多くの娘を持っている。これは非常に大きな格差で、ＤＮＡがハイエナ生体ロボットをコントロールする上で、攻撃性が直接的な利益を持っていることを意味する。

ブチハイエナの育ちつつある胎児にとって、攻撃的な母親を持つことは大きな助けであろう。しかし欠点もある。その一つは、母親をそのように行動させるホルモンによって彼女の体が満たされているということである。ここで私は、アンドロゲンについて言っているのである。それは哺乳類のオスの中に最も大量に見つかる（アンドロゲンという言葉は「男を作る」という意味であり、それがどういう結果になるかはこれから述べる）。育ちつつあるメスの胎児がこれらのホルモンに浸されることによって、その副産物として赤ん坊のハイエナはオスに似た生殖器官を持つという結果になる。管状の陰核を持つメスは攻撃性が増し、明らかにメスにとって有利となる。しかし、これは出産の際の困難というコストを払うことになるのである。

私は思うのだが、ブチハイエナの出産の過程は、生得的に安全でも快適でもないことを明らかにするべきである。進化は攻撃的なハイエナを有利なものとしたが、その副産物として進化した管状の陰核はメスが出産する時に対処しなければならない、生命を脅かす障害である。人間にとって進化は大きい脳を有利なものとしたが、女性は巨大な頭を持つ赤ん坊を彼女らの腰の骨の間の孔を通して押し出さなければならなくなった。母なる自然はハイエナの世話も、人々の世話をもしてくれない。自然は出産について、いかなる快適も安全の保証もしないのである。

「自然な出産」をとりまく問題は、対等な結婚についての多くの議論にも影響している。この議論の両方の側の人々は、あたかも動物の行動が、私達がいかに生きるべきかについての取り扱い説明書であるかのように、常に自然を引き合いに出す。一方の側では、人々は同性愛結婚に反対する。なぜならば、自然ではオスとメスが繁殖のために一緒になるという実例があるからである。もう一方の側は、人々は同性カップルの権利を防衛する。それは同性愛行動がコウモリ、ペンギン、ウサギを含む多くの動物で見られることによる。しかし、どちら側の主張も論理的ではない。これらのルールには両方とも多くの例外がある。

しかし、より重要なことは、人間がいかに行動するかを知るために、自然からいいトコ取りを始めるなら、それは新たな問題を引き出すことになる。

もし、人間が人間の行動を正当化するために、自然で何が起こっているかを引き合いに出すならば、彼らが望むことは何でもできる。

見知らぬ人があなたの近所を通って行くのを見るのは嫌いですか？　あなたの排泄物を彼に投げつけて

みなさい——動物がやっていることを、そのまま人間が行ったら、大変なことになる。

強引な交尾

しかし人々は常に、正当化のために動物の行動を用いる。一つの有名な実例がある。それは二〇一二年のアメリカ合衆国の選挙の時に起こった。共和党ミズーリ州選出上院議員候補のトッド・エイキン［強姦を含むあらゆる妊娠の中絶に反対した保守派］は、妊娠中絶の権利、強姦、女性についてのニュースショウで話をしたあと、否定的な報道をされた。彼は言った。「もし、それが正当な強姦［この用語が物議をかもした］ならば、女性の体は全てのものをシャットダウンするように試みる道がある」。多くの人々はご存知ないかもしれないが、エイキンがメスの生殖器官については正しかったということである——すなわち、彼は「カモのメスの体」を言うつもりだったと思われる。

オナガガモは強制的な交尾をする。そこでは、オスはメスを圧倒し、性行為を強いる。オスガモは彼らの著しく長い陰茎のおかげで、この交尾を成し遂げる。この動物のくちばしの先から尻（羽を除く）の端までの全体の長さは、約五八センチである。勃起した陰茎はほぼ約一九センチの長さに伸ばすことができる。

オナガガモのオスが泳ぎ、歩き、飛び回る時、その陰茎がいかに大きいかが見えることはない。なぜなら、それは裏返しになっているからである。しかし、性行為の間、カモの陰茎は膨れ、コルク栓抜きの形のように反時計回りに螺旋状に伸ばされる。そして、最大に伸ばされた時に射精する。全ての行動は三分の一秒で起きる[8]。

あなたの目を一度またたいてごらんなさい。

ほら。それは、カモがその陰茎を突き刺して射精するのとほぼ同じ時間でしょう。

オナガガモの野生個体群を見ると、メスよりはるかに多くのオスを見つけることができる。それは一匹のメスのオナガガモが彼女の相手を選ぶ時、好き嫌いが激しいことを意味する。その結果、オスは一匹のメスに注目されるために互いに激しく競争しなければならない。オス達は彼女の前の位置を争う。それから高度に儀式化されたダンスをする――彼らの尾を振り、頭をふるわせ、くちばしを胸に押し込み、彼らの白い胸を水の上にもちあげて見せびらかす。メス達はオスの素晴らしく白い胸と、肩にある色鮮やかな虹色の羽を好む。また、ダンスはオスが何を望んでいるかをメスに示す一つの重要な手段である。ひとたび、彼女がオスを選ぶと、二匹は対になり、頭をそろえ、そして交尾する。彼女は複数の卵を抱く。そこで彼はその父親となるためにメスを突つきまわる。彼は子どもを育てる助けは全くしない。彼は彼女が再び性行為をすることを望むまでうろうろし、その間中、他のオスが言い寄ることを防ぐ。

もし、別の一匹のオスが、かつて彼女が選んだ相手を追い払うと、その闖入者は彼女と強制交尾を試みる。この過程で、その攻撃的なオスは交尾をするために極めて少ない時間しかないので、すみやかに陰茎をほどく。彼のDNAの目的は彼自身のコピーを彼女の卵の中に入れることである。彼女のDNAの目的は、これらの卵の父親が質の高いオスであることであり、オス達が彼らの誇示行動をする時には質の高いオスを選び直す。これがオスとメスが交尾してからも衝突がある理由である。

メスはできるならば強制交尾を避ける。それでも、彼らが交尾しようとした時、彼女には代替案がある。

彼の陰茎が彼女に入る時に反時計回りのコルク栓抜きのようになることを覚えていますか。メスの生殖管は強制交尾に適応して進化している。それは卵に至るまで八回の時計回りの螺旋状になっている。そのことは彼の陰茎は反対方向の螺旋状であるということを意味する。それによりオスガモの精子を彼が行かせたい場所に行かせることを極めて難しくさせる。なおその上に、膣には三つの盲嚢（もうのう）［行き止まりの袋］があり、そこで陰茎の尖端からの精子が溜ってしまって、彼女の卵の近くに行くことがなくなる。このシステムは一〇〇パーセント有効ではないが、メスの卵は強制的なオスガモによるよりも、はるかに多く彼女が選んだオスによって受精される。いかにして彼女が選んだオスの陰茎を正しい場所に導くかは正確にはわからない。しかし、解剖学的研究によると彼女のシステムは「全てのものをシャットダウンする」方法を確かに持っている。

もし、カモの膣を解剖するならばコルク栓抜きの形を見ることができるし、盲嚢を数えることができる。実際、カモの種を横断的に見るならば強制交尾がより普通である所では、メスがより回旋的な膣を持っているのが見られるであろう。しかしながら人間の女性はこうした盲嚢を持っていない。強姦の結果を制御するために彼女が経口避妊薬か妊娠中絶を選ぶ以外に、女性の生殖器官には何も無い。

強制交尾は常に動物の間で起こっているが、強姦は人間の間では容認されない。そして勿論容認されるべきでない。人は、人々が互いにする恐ろしいことを正当化するために動物の行動を用いることはできない。時には、オスのカモが集団で一匹のメスの上に強制的に乗って、彼らの重さで彼女が溺れることがある。野生と比べて、公園ではメスの水鳥が特に襲撃するオスに殺されるようである。なぜならば、公園では性比がしばしば通常よりオスにより偏っているからである。

そして、これはカモだけの話ではない。バンドウイルカの二頭から三頭のオスの集団は交尾のために何日もメスをとりまき、メスが逃げようとする時にはいつも噛んだり胴突きをしたりする。また、オスのイカは大洋の暗闇の中で、メスに秘かに近づき、彼が餌を狩る時と同じ位、速やかに彼の精子束をメスの体の中に発射する。[9]

強制的な交尾はどこにでもある。そして、それほど一般的である理由は、一匹のオスと一匹のメスが交尾したとしても、彼らはなおも基本的にはお互いに対して競争的だからである。私がすでに示したように、動物は彼ら自身の体を繁殖のために傷つける。だから、彼らがその相手をもまた傷つけることをいとわないのは驚くにあたらない。利己主義の基本的ルール、すなわちスクルージのようなゲームはなおも適用される。一匹の動物にとって唯一の問題は、「いかにして、私自身のＤＮＡをうけ渡すか?」である。それがある動物の動機である時（ロマンスや愛に反して）、不貞、身体的暴力、そして強制的な交尾は起こりうることなのである。

合意された性行為と見えることでさえ強制的な交尾の場合がある。何十年もガーターヘビは合意された性行為をすると思われてきた。ガーターヘビが交尾する時、一匹のオスは一匹のメスの上に横たわり、彼の陰茎——それは、叉状になっている——を彼女の総排出腔（そうはいしゅつこう）にさしこむ（彼女の総排出腔は彼女の体の唯一の孔で、尿、便、そして卵が出てくる。そして、性行為の間オスの陰茎はそこから入らなければならない）。しかし、彼がそれを行う前に、彼は彼女に対して横たわり、彼の体で波を作り、彼女の体を尾から頭にむかって波打たせる。人々は、以前はこれを彼が彼女をこちらに向かせ、彼女の総排出腔を彼に向けて開くようにするものだと解釈していた。

しかし、約十年前に、研究者達は、もしそのような波をメスの体に向かって起こせば、彼女の肺から全ての空気を吐き出させ呼吸ができないようにするということに気づいた。彼女が酸素を失い始めると、ある捕食者が彼女を攻撃した時のようにストレスを受ける。そこで彼女は本能的に排便する。その反応は捕食者に彼女を食うことを思いとどまらせる。しかし不幸なことに、それによってオスを撃退することはできない。その代わり、それは彼女の総排出腔を開き、彼の叉状の陰茎を挿入するのに有利になる。

ガーターヘビとオナガガモの性生活と同じぐらい恐ろしいのはトコジラミのそれである。トコジラミは人が寝ている時に咬む寄生性昆虫である。それらは、かつて、薄汚いホテルでだけ心配すべきものであった（ヘンリー・ミラーの小説『北回帰線』を見よ）。しかし過去十年間で、その個体群は世界中で急上昇し、現在では五つ星ホテルでもそれをつまみあげることができる。彼らの復活の理由はわからないが、それはまったく大変なことである。トコジラミは人間の血を吸う。しかしながら、彼らの摂食習性を妨げることと、彼らの交尾行動がいかにひどいものであるかとはまるで比べものにならない。トコジラミにはぞっとする。

トコジラミは微小で、多くの時間を壁、電気のソケット、布のパイル、あるいは、寝室のどこにでも隠れている。一週間に約一回、一匹のメスのトコジラミは彼女の隠れ場所から出て、人のいるベッドに這い込み人を咬んで二十から三十分間摂食したあと、彼女の隠れ場所に這い戻る。彼女が隠れるために部屋を横切って戻る時、彼女は十分に栄養を摂取したので最も繁殖力がある。そこで、彼女は帰り道で幾匹かのオスに接近される。

この時、醜いことが起こる。

トコジラミは信じられない交尾のしかたをする。それは外傷授精と呼ばれる。そこでは、オスはメスの体壁を彼の陰茎で刺し通し、彼の精子を彼女の体腔に注入する。彼女は卵を産む時に通す一つの孔を持っている。しかし彼はその陰茎をそこには入れない。ああ、なんということか。その代わりに彼は彼女の体の真ん中を突き抜いて新しい孔を作る。これは明らかに彼女にダメージを与え、その寿命を処女メスより約三〇パーセント短くする。あまりに多く交尾すると彼女が殺されることすらある。

一匹のメスは彼女の遺伝子をうけ渡すために交尾する必要がある。そして外傷授精は妊娠のための唯一の切符である。交尾は彼女の助けになる。たとえその過程で突き刺されても。しかし、彼女の問題はそれが一回だけ起きるのではないということである。ベッドから壁の中の隠れ場所までの旅において彼女はだいたい、外傷授精を五匹以上の別々のオスから受ける。一回の交尾は彼女の全ての卵に受精させるのに十分以上の精子を与える。しかし五回の外傷授精は彼女に必要な量より二〇から二五倍を与え、これらの交尾は彼女の寿命をさらに縮める。メスにとって、それは悪い状況である。

けれども、オス達はちっとも気にかけない。オスにとって大事なことは、彼の精子が彼女の卵を受精させることである。一般的法則として、そのメスと最後に交尾したオスが子孫の約六八パーセントの父親となる。そこで、彼女が今日他の四匹のオスと交尾していたとしても、また、もう一つの交尾が彼女を死の淵に近く押しやっても、一匹の新しいオスが五番目になることには非常に大きい動機がある。

彼女の側からすると、メスは自身の外傷授精については本当にどうしようもない。その代わり、メスはそれに対処すべく働く、スペルマレッジという器官を進化させてきた。多くの場合、それは刺し傷に免疫細胞を運び、オスの陰茎にある菌や細菌が彼女の体に感染しないようにする。しかし、スペルマレッジは彼女の体の卵がある場所に精子を動かすという役割もある。複数回に及ぶオスの外傷授精は彼女にとって最適なものではないが、彼女の体は一匹のトコジラミとして過酷な生活の実態に対処することができるものなのである。

食べられる＝いいオス

強制的な交尾と外傷授精は、オスが両性の間の戦いにおいて優勢を保っていることの例である。しかし、メスがオスよりも手荒なことをする例も沢山ある。メスが交尾において少し支配的である所では、彼女らはある特徴によってオスの優劣を判断する。そして、彼女らの基準に合ったオスとだけ交尾する。オスにとって不幸なのは、メスは他のものから殺されるような特徴を持ったオスを選ぶ傾向があることである。

例えば、トゥンガラガエルのメスは、夜にオスが彼女を高い音楽的な鳴き声で呼ぶことがなければ交尾しない。パナマの熱帯雨林に入って行けば、この種のオス達ができる限り高く太く呼んでメスを惹き付けようとしているのを聞くことができる。問題は、他の動物達もまた、その呼び声を聞くことができるということである。そのように立ち聞きをするものの一つが、その場所にいる私の好きなトラコプスと呼ばれるコウモリである。これはカエルを食うコウモリとして知られている。このコウモリはその餌——カエル——を彼らの声を聞くことによって見つける。これらのコウモリについて、私が好きな点の一つは、彼らが毒のあるカエルと毒のないカエルの呼び声の違いがわかって、毒の無いカエルを選び、毒のあるカエルは無視することができるということである。不幸なことに、オスのトゥンガラガエルには毒がない。

夜に、そのように呼びかけることは、オスのトゥンガラガエルが彼の肺のてっぺんから「私を食べて!」と叫ぶのと同じである。しかし、メスのトゥンガラガエルは彼が他の選択はないままにしておく。彼女の論理はこうである。もしオスがコウモリにつねに襲われるリスクがあるにもかかわらず、なおも生き延びているならば、彼は恐らく偉大なDNAを持っているだろう。そのようなリスクを取ることがないものは、どんなオスも交尾するに値しない。そして、コウモリに食われるオスについてはどうか? そうだ、彼らは、あまりよいDNAを持っていない。さあ、彼らはどうだろうか?

メスによる進化のこのシステムは、彼女達がオス達にまったく危険な仕事を選ばせる時にのみ働くものである。もし彼女達が、何か易しいことをやらせるとしたら、それぞれのオスは同じようにそれをやるだろう。その結果メス達は、よいオスともくだらないオスとも同じように交尾をするのが落ちである。オスに易しいコンテストをさせるメスは、そのコンテストから利益を得ることがない。このような事情から、いくつかの種を通じて性行為をするために、オスがくぐり抜けなければならない輪の種類はあきれるほど多い。

最も研究されている例は鳥である。

声高く鳴きながら複雑なダンスをする色鮮やかな鳥達は、私達にとっては美しい。人々が、これまで見たことがある最も華々しいオスの鳥は極楽鳥であろう(私が言っているのは、実際の鳥であって、同じ名前の花ではない)。しかし、これらのオス達が彼ら自身を美しく保ち、これらの演技を適切に行なうためには、多量のエネルギーを使わなければならない。その上、これらの演技は基本的に潜在的な捕食者による注目を浴びる可能性がある。また、多くのオスの鮮やかな、美しい赤い羽の演技はメスにとって魅力的であるが、これらの赤、黄、オレンジの色素（カロテノイド）は生産するのに代謝的に極めて高くつく。それ故、それを生産するオスの生存をより難しくする。

彼女の交尾相手を食うクモのメスは、オスより優勢なメスの明らかな実例である。しかし、オスのクモはしばしば潜在的な交尾相手の近くに行く前に高い代価を払う。例えば、アメリカジョロウグモのメスはその網の中に座り、オスが彼女らを見つけるのを待ちながら昆虫を楽しく食べている。メスはある一日に捕食者によって食われる確率がわずか〇・三パーセントであるのに、パナマの熱帯雨林で彼女を探して徘徊しているオスは、毎日約八パーセントの死亡率である。それは、メスの二六倍以上も高い。彼が彼女を見つけると彼らは交尾する。それから彼女は彼を食おうとする。このオスとメスの間の生活史の違いは、メスがそれほど大きく目をひくことの理由の一つである。一方、オスは小さくなければならない。彼らが小さいことは、見つけられて食べられることを避け、メスを探すことを助ける。

あるメス達はオスと一緒にいることをやめて、全てメスの種となる。彼女らは繁殖のため、性行為の代わりに無性生殖を用いる。これは八〇種以上で起こり、その中には、ニューメキシコ州にいるホイップテイルトカゲ、幾つかの魚、二、三のサンショウウオが含まれる。これは、まずとても面白い現象である。私が特に興味があるのはメスだけのサンショウウオである。そこでは、メス達はオスを完全に遺伝的に用いることはないが、精子は彼女らの卵の発育を刺激するためになおも必要である。言いかえれば、彼女らは性行為をするためにオスを探すが、オスは交尾をしても遺伝的な利益は得られないのである。

この種のオスにとって、これはひどい仕打ちだ……そうだ……いかなるオスにとっても。遺伝子をうけ渡すことが出来ない時に、何が起こるか。しかし、それでメスが鈍化することはない。彼女らが必要な精子を得るために、メスは他の種のサンショウウオのオスと性行為をするだけである。それは卵の発育を刺激する。そこでメス達は彼女自身の無性生殖を成功裏に行うことができる。赤ん坊は二つの種の雑種ではない。彼らは、お母さんのクローン［無性生殖によって生じた遺伝的に同一の細胞群、個体群］であり、彼女と性行為をしたサンショウウオはその交尾からなんの利益も得られない。彼は楽しい時間を持ったという利益は得るかもしれない。しかし彼はこの方法でいかなる赤ん坊も作らない。彼のＤＮＡの見地からすると、エネルギーの損失であり精子の損失である。交尾からなんらかの本当の利益を得るには、彼は彼自身の種のメンバーと交尾しなければならない。

これ以外に、ある動物はオスとメスの両方の部分を持っている。しかし彼らがそれで性行為をするのは容易でない。その一つの目立った例は扁形（へんけい）動物のプソイドバイセロスである。その名前は「偽の二つの角」を意味し、それは見ればすぐに分かる。プソイドバイセロスには幾つかの異なる種がある。その全てはオーストラリアのグレートバリアリーフ［世界最大のサンゴ礁地帯］で発生する。彼らはわずか二、三センチメートルの長さだが、まったく美しく、小さい波打つ卵形の魔法のじゅうたんに似ている。あるものでは、その縁にそって輝くフリルを持つ。全てのプソイドバイセロスは彼らの腹の上に二つの短い隆起を持つ。この隆起がこれらの扁形動物の名前の由来である。彼らの学名の意味からわかるように、これらは本当の角ではない。ああ、それは陰茎なのだ。

それぞれの扁形動物は雌雄同体である――それは陰茎を持つが、メスの完全な生殖システムをも持つ。それは、二匹のプソイドバイセロスが交尾するために出会うことを意味する。彼らは、誰が父親となり誰が母親となるかを決めなければならない。母親は妊娠すれば大量のエネルギーが必要となる。父親は単に射精すればよい。彼らは両方とも利己的なので、彼らのどちらも妊娠したくない。そこで彼らはどうするか？　簡単だ。

それは陰茎フェンシングと呼ばれる。

二匹の動物は取っ組み合い、二つの陰茎の一つで一方が他方を突き刺すまで彼らの陰茎を受け流す。勝ったものはもう一方の体に精子を注入する。負けた方は妊娠する。問題は解決した。

もし、これらの性欲の旺盛な実例の全てを見渡すと、性行為はオスとメスに、かなりのコストを持っていることが明らかになる。オスがメスに交尾を強要すると、メスもオスにその線で彼らが生命をさしだすことを強制する。そして、雌雄同体同志はどっちが父親になるかを争う。これらの動物がまったく苦にしないことは驚くばかりだ。何故、動物たちは一緒に性を放棄しないのだろうか？

性はなぜ生まれたか

性が生ずる前の地球には、全ての生物が無性生殖だった時期があった。そこに戻れば、オスもメスもなかった。実際、両親と子どもさえも無かった。まさに有機体だけがあった。誰もが一個の細胞を持ち、水の中で生きていた。時々、一個の細胞が半分に裂けて二個の細胞が浮かんで離れていった。彼らの一つが親で、一つが子であると呼ぶことは出来ないだろう。彼らはまさにクローンであった。利己的なＤＮＡの撚り紐にとって、クローニング「クローンを作ること」は完全にうまく働く。

それから、約十億年前に単細胞生物のある小さいグループで性が進化した。それは、これらの生物の子孫が繁栄するための成功した戦略であった。今日、地球上の全ての植物、菌、そして動物はこれらの最初の性的生物の子孫である。そして性は彼らの継続的な成功の不可欠な部分となった。

性はどこにでもある。クラゲ、ヒトデ、ある種の虫のような少数の動物は性生活を補うためにクローニングを用いる。しかし、とても小さい少数派の動物だけが一緒に性を投げ捨てて、もっぱらクローニングを用いている。無性的動物があまりに稀なので生物学者が聞きたがる大きい疑問の一つは、何故か？　である。何が性をそう大きくしたのか？　何と言っても、性行為はあなたの子どもに、あなた自身のDNAの五〇パーセントしか与えない。その代わり、無性生殖は一〇〇パーセントを与える。それではなぜ、性がそれほど一般的になったのだろうか？

私達が言いうる限り答えは二つある。第一に、性はクローンよりも動物の子が予想できない将来の世界に対して、よりよく対処できるようにする。もしあなたが、性行為によって複数の子どもを得たなら、彼らは互いに違っているだろう。同様にして、あなたはあなたの姉妹と兄弟とは異なる。ある時、道路に出たら洪水だったとする。この条件の下では、少し強く、よじ登るのがうまく、あるいは息を止めていることがよくできるような動物に直ちに有利性が与えられる。しかし、もし洪水のかわりに、対処すべきある新しい捕食者がいたら、より早く走り、あるいはカモフラージュがうまく、またはより不快な匂いを持つことが有利となるだろう。将来に何があるか知るすべはない。そこで、親にとって多様な子どもの一組を持つことが、その時の条件にあった素質を持つ子どもが、少なくとも一匹は生き残るために最良の道となる。それは、あなたの賭けをルーレットテーブル［賭博道具の一種］中に広げるのに似ている。クローニングではあなたの全ての子どもが同一である。性行為は遺伝的カードをクローニングにはできないやり方で混ぜる。それは変わりやすく、予測できない世界で役に立つのである。

性がクローニングに勝る第二の大きい有利性は、誰かのDNAと混ざることによって、DNAの将来の生存確率を改善する可能性が生まれることである。性が進化するまでは、クローニングによる動物には、持って生まれたDNAを単にうけ渡す以外の選択肢はなかった。性では、ある動物が世界でうまくやっていけるように相手を識別することができる。そして彼らと性行為をすることによって（クローニング動物とは反対に）、これらの好ましい遺伝子を家族に取り入れる。これが、性が地球上の生命の全ゲームを変えるものであった理由である。クローニングによる動物は互いを無視できる。しかし、性行為では誰もが常にお互いを確かめなければならない。あなたのDNAは単にあなたが性交することだけを望まない。それはあなたが見つけた最良の相手（あるいは相手達）と性交することを求めるのだ。あなた自身の赤ん坊が競争に勝てるかどうかは、相手のDNAの質に大きく依存するだろう。性生活はあなたの生存と同じぐらい、あなたのDNAにとって重要なのだと言っても言い過ぎではない。

究極的に、偉大なDNAを見つけようとする衝動は全デートゲームの基礎をなしている。人間にとってロマンティックな愛はその不可欠な部分である。しかしロマンスは真に「自然な」ものではない。それは大部分の動物の性生活にはないものである。人間の赤ん坊を自立できる所まで育てるには、十年以上かかる。そして、両親がチームとなってその子どもを世話することが、その成功を確かなものとする。人間生体ロボットとして、私達のDNAの中には私達が性行為をした人と、パートナーとして働く気を起こさせるような衝動が書き込まれている。私は、人間の子ども時代が長いことが、私達がロマンティックな愛を持っている唯一の理由であることを主張したい。人間は他の動物が利己的であるのと同様の理由で、基本的に利己的である。しかし、人間の子どもを育てるにはあまりに長くかかるので、一人の人は動物が初めから持っているのと同様の利己主義を捨てることなしに、なおもよいパートナーでありえるのである。

これに関連して、サムの母親と私の関係を見るのは面白いと思う。私は最初にシェルビーと会った時に、彼女と話をしたいという衝動を持った。彼女と話した時に、彼女ともっと時を過ごしたいと望んだ。それから、彼女と時を過ごすうちに、DNAが最初から私の心の中に持たせていたことをやりたくなった。まさに生体ロボット、生体ロボット、生体ロボットである。

彼女はハリケーン・カトリーナ［二〇〇五年に起こった巨大熱帯低気圧］の後、ミシシッピ州ビロクシーの環境清掃を援助していた。大学院生の間、彼女はロードアイランド州のプロビデンスでダンスの仕事をしていた。

シェルビーはまた、私と同じく科学者でもある。そして私達がデートしている間に、彼女はブラジルのアマゾン熱帯雨林で博士号論文のための野外調査をした。その論文は、原生のアマゾン熱帯雨林を巨大な大豆畑に変えた時に、水と土に何が起こるかについてのものである。彼女は調査地で電話もインターネット接続も持っていなかった。そこで、彼女は一週間おきの週末に最も近い町に行き、ホテルの部屋をとり、スカイプ［インターネット電話サービスの一種］で私を満足させてくれた。私は焼きもちをやいた。というのは、彼女は土と水のサンプルを集めるためにそこにいたのだが、終にはジャガー、ピューマ、アナコンダ［ヘビの一種］、甲虫、アリ、オオアリクイ、ナマケモノ、バク、ガラガラヘビ、そして、幾種かのコウモリさえ見たからである。しかし彼女は、そこにいる間に自然のより粗暴な面も経験した。私は、これらの経験にはそれほど嫉妬しなかった。彼女はハチの集団に襲われた。ハチは彼女が逃げようとしても髪にまつわりついて、追い払おうとしても彼女を刺しつづけた。それは三回起こった。別の朝、彼女は長靴をどうしても履けなかった。底にある何かが彼女のつま先を押すからである。彼女は長靴を脱いで壁にバタンと打ち付けた。すると巨大なタランチュラ［オオツチグモ］が落ちてきた。彼女は一度野外ステーションで悪い水を飲み、ランブル鞭毛虫と呼ばれる胃の寄生虫に取り付かれて病気になった。彼女は抗生物質でそれらをねらいうちしたが、彼女の消化器官は約一年後まで正常にもどらなかった[10]。

シェルビーと私は、私達が一緒に赤ん坊を持ちたいと決める前に、二、三年一緒に暮らした。それは、私達のＤＮＡ分子が交わってその複製を作るように強制する前ということである。私の体は二三本の二重螺旋のＤＮＡの紐を切り出し、精子細胞の中に置いた。シェルビーの体は、同じ過程であるけれども、すでに二三本の彼女自身のＤＮＡの紐を一個の卵子の中に置いていた。それから、私達は特殊な種類のまどろみ（ほんの一瞬）を持ち、その瞬間に二つの細胞が出会い、それらは共に消えた。彼らの場所には独特の新しい（二三＋二三＝）四六本の紐が残された。

突然、サムがいた。

初め、サムは微笑みも眼も胴体さえも持っていなかった。彼は一個の細胞にすぎず、外界から一枚の薄い脂じみた球状の層——ほとんど極めて小さい石けんの泡のようなもので隔てられていた。その泡を肉眼で見ることはかろうじてできるだろう。そして、その中のＤＮＡの紐は見えないほど小さい。けれども、これらの紐の中に書き込まれた連鎖［塩基配列］は直ちにサムを完全に独特のものとした。彼の四六本の紐を通して書き込まれたＤＮＡの連鎖は、生命の全歴史の中でかつて存在しなかったものである。そして、それは文字の寄せ集めではなかった。それは意味を持っていた。そのＤＮＡ連鎖はサムとして今存在する生体ロボットのための、建設指示書を暗号化したものであった。

シェルビーと私は一つの生命を実際に作りだしたのではない。私達自身の細胞は、それらが混合された時にすでに生きていた。サムは時を経て――彼の両親、彼の祖父母、そしてそれを越えた過去に延びた不変の生命の壊れることのない鎖の中の次の繋がりである。サムの祖先はそれぞれ異なるＤＮＡの連鎖を持っていた。彼らのＤＮＡ分子によって作り上げられた体も違うものであった。サムの体は私のものに似ている。そして私の体は私の父のものに似ている。しかし、これらの小さい変化は過去にさかのぼる物語として蓄積を始める。サムの物語は私を通じて、氷河時代の狩猟採集民、四つ足で歩いていた無尾猿（むびえん）、リスの大きさの木に登る霊長目、先史的な爬虫類、ワニの大きさの両生類、古代の大洋にいた奇妙な肉鰭綱（にくきこう）［シーラカンスなどを含む］の魚、それ以前の大洋にいたミミズ状の原始的魚類、等々を通じて過去にさかのぼる。実際、この鎖の始めに向かって全ての道をさかのぼることによって、性それ自体の始まりに達する。そこには、原始の大洋の中に浮いているＤＮＡ分子の一つの単純な袋以上のものはない――サムが彼の生命の最初の日にそうであったように見える一つの細胞である。これらの十億年にわたって変わってきた全てのものは、ＤＮＡ分子が作り上げた生体ロボットである。ＤＮＡそれ自体は全時間の間、まったく同じままであった。

しかし、今やサムは一人の子どもである。私が彼を抱く時、奇跡のように感じる。私はサムを愛する――彼を**愛する**。そしてこのことは、ＤＮＡ分子がいかに彼らの生体ロボットにそれらの命令をするように強要しているかを私に理解させる助けになる。私は私の生命の最も強力な衝動を経験している。もし私がアオアズマヤドリだったら、私は私の巣を青いもので飾るだろう。もし私がオオツノヒツジだったら、頭を誰かに思いきり叩きつけるだろう。しかし、私は人間である。そして私は本能的にサムを全世界の中で誰よりもよく世話するのである。

シェルビーと私について言えば、私達は一つのチームのように感じる。私達は互いを大切にし、互いに支えあい、共に幸福だ。動物が互いに性行為の名のもとに行う恐ろしいことにもかかわらず、私達はその戦いを置き忘れる道を見つけた。それを自然なということはできる。しかしそれは真実ではない。それは人間なのだ。

総体的に言えば、性は私をとても幸福な男にした。その喜びとともにやってくるテストステロンが私の寿命を十年か二十年縮めたとしても、その値打ちはあると私は言いたい。

(1) オスは小枝の外側に彼の「住まい」を建てる。それは約一〇センチ離れた二つの平行な壁の構造を持つ。そのまわりの地面から、あらゆるものがきれいに取り除かれる。オスはその地面を青いもので飾る。そしてメスはオスがいかに多くの青い物を貯めることができたかによって幾度も彼と交尾する。勿論、青いものを見つける最良の場所は他のアオアズマヤドリのオスの住まいである。そこで、盗みがオスの間の競争の大きい部分となる。

(2) 頭を打ちつける行動は交尾しようとするオスヒツジにとって絶対必要なものである。しかし、衝突は哺乳類の脳にとってまったく悪い影響がある。けれども、オスヒツジはエネルギーを機械的に散らすように作られている頭によって、脳震盪を避けている。

（3）多くの人々はオスのクロゴケグモが交尾のあと、常にメスによって殺されると思っている。しかし、オスは通常逃げる。実際、オスのクロゴケグモは時には三匹ものメスに受精させる。メスが常にオスを殺すという観察は、恐らくオスが逃げることができない、閉め切った容器の中で行われた初期の実験からくるのだろう。それは野外で実際に起こっていることではない。

（4）婚礼の贈り物を用いるクモの種の例はキシダグモ科である。ある時には彼は贈り物を持っている間、死んだふりをする。そしてメスがそれを取りに来た時に、突然行動に移り彼女と交尾する。

（5）二、三の西欧の国々における一〇万人出産当たりの母親の死亡は、アメリカ二一人、カナダ一二人、オーストラリア七人、ニュージーランド一五人、イギリス一二人である。

　そして、いくつかのサハラ以南のアフリカの国では、チャド一一〇〇人、ソマリア一〇〇〇人、シエラレオネ八九〇人である。

（6）数千人の赤ん坊もまた死んでいる。世界中で毎年、三三〇万人の赤ん坊が死産し、産まれてから一ヶ月以内に四〇〇万人以上が死ぬ。これらの赤ん坊の死亡理由はさまざまだが、医療に接することが無いことが主な要因であることは明らかである。

　なぜならば、これらの死は開発途上国ほど多いからである。

（7）食肉目（しょくにくもく）は二つの主なグループにわかれる。「イヌに似た」カニモルフスと「ネコに似た」フェリモルフスである。カニモルフスはイヌ、クマ、スカンク、アシカを含む。フェリモルフスは、ネコ、ハイエナ、フォッサ［マダガスカルマングース科］、マングースを含む。

（8）カモの陰茎が膨れるシステムでまったく驚くべきことは、それが人間のように血圧によって起こるのではないことである。その代わり、その素早い伸長はリンパシステムによって起こる――人間ではリンパシステムは腫れた組織から余剰な水分をゆっくりと排水するのに働く。

（9）深海性のイカが棲んでいる所は暗いので、メスからオスに存在を知らせるのは難しい。そこでオスは彼の種の他のメンバーに出会った時には、彼の一つの精子束をその皮膚にできるだけ速やかに注入する。もし、それがメスなら、おそらく彼は彼女の卵の幾つかの父親となるだろう。もし、そうでなかったら、実際、大したことではない。研究者達はこれを賢くも「暗闇の発射」戦略と名付けた。

（10）ランブル鞭毛虫は北アメリカでも寄生する。それは「ビーバーフィーバー」というあだ名で呼ばれることがある。それは激しい腹部の痛み、下痢、血便、時には血尿を引き起こす。人間はこの寄生虫に感染した動物（ビーバー、人間、など）の糞で汚染された水を飲むことによってランブル鞭毛虫に罹る。別の言葉でいえば、人々がきれいな水を飲む限り完全に避けることができる。その可避性があるにもかかわらず、現在、世界中で数億人の人々が、この寄生虫を持っている。

第3章　寄生者のたくらみ〈怠惰〉

血吸いコウモリとの遭遇

怠惰は、まず、人間だけに影響を及ぼすもののように思われる。なんといっても、私達はテレビ、安楽椅子、そしてテレビゲームを発明した。私達は机で仕事し、車を運転し、たった一階でもエレベータを使う。現在、ほとんど全ての国で肥満が増加している。二〇〇五年まで一五億人の大人が太り過ぎで、一億七〇〇〇万人の子どもが太り過ぎか肥満であり、これらの数字は上昇を続けている。

こうした太った人々が歩き回るのをあなたが期待するのと同じように、いかにして体重を減らして健康を維持するかというアドバイスをする専門家達がどこからともなく現れてきた。これらの矯正手段の多くは「自然に」生活するということである。私達の先祖は太った野暮天ではなかった（私達が知る限り）。そこで私達が自然との間で失った関係が、私達を怠け者にしたのだと言われてきた。自然こそ重労働の完全なモデルである。そうではありませんか？　生存のために最もふさわしいものではないですか？

いい試みです。

私は、例えば、辛抱強さをもってダムを作るビーバーは、重労働の典型であることを認める。しかし、ビーバーはここで出てくる唯一の動物ではない。ビーバーの腹の中は、ある怠惰な生物のひと揃いの住処であって、その生物達は自身のためにビーバーの食物を口一杯盗み、ビーバーの体さえも食う。ビーバーの体内には居候の寄生虫が栄えていて、彼女の重労働を利用している。そして、彼らはまったくお返しをしない。

おそらく、誰もこれ以上の怠惰な者をあげることができないだろう。

多くの人々は、もし尋ねられたら、自然を愛すると言うであろう。しかし、この同じ人々は多くの場合、寄生虫の絵を見ることを望まない。しかし実際は、寄生虫は鳥やハチと同じ位、自然に存在する。鳥やハチは彼ら自身の寄生虫にとりつかれていて、それらは他の動物よりもはるかに多い。常識に反するように聞こえるかもしれないが、生物学者は寄生虫が健全な生態系の印だとさえ論じている。

多くの人々のように、私も最初は寄生虫が好きでなかった。私は彼らに興味はあったが、それを選ばずコウモリを研究する博士課程に入った。私が寄生虫についてまったく何も学ばなかった唯一の理由は、私の学位の必要条件を満たすためであった。寄生虫は私を混乱させるものだった。私は、彼らの学名と生活環を覚えて、標本瓶から離れた所で、これを述べようとする苦痛をまだ覚えている。正直な所彼らは、全て茹ですぎたスパゲッティーのように見えた。私は、この課程に通るために何が必要かを知ったが、寄生虫は決して私の注意を引かなかった。

私が、ちょうど二、三年前に国際的に放送された「私の中のモンスター」と呼ばれる寄生虫についてのテレビ番組に出たとか、あるいは、たびたび「ザ・レイト・レイト・ショー・ウィズ・クレイグ・ファーガソン」［アメリカの深夜トーク・バラエティ番組］のゲストになって、以前、私が名前を覚えられなかった寄生虫について彼と語り合ったと誰かに言えば笑われたことだろう。二、三年前から寄生虫は私の生活の大きい部分を占めるようになった。しかし、その前に私はいかに彼らが信じがたいものであるかを知らなければならなかった。

幸いなことに、そのためにコウモリがいた。

修士課程が始まって一ヶ月、研究プロジェクトがなりたつかどうか見極めるため、私は指導教官によってコスタリカに送られた[1]。これは、私が熱帯に行った最初であった。そして、その場所でとても沢山のコウモリを見た。そこで、二日目に先輩の大学院生のマーテン・バンホフと一緒に一つの小さい洞穴にコウモリを探しにいった。それはとてもよい日で、これが私の血吸いコウモリとの最初の出会いであった。

血吸いコウモリは他の動物の血液を飲むので寄生者と呼ばれる。寄生者は「寄主と呼ばれる他の特定の動物と関係を持つ動物である」と定義されていて、その中には寄生虫も含まれる。その関係において、寄生者は全面的な利益を得る。そして寄主は全面的な犠牲を払う。寄生者は栄養、防御、あるいは移動を得る。寄主は食物を盗まれるか、傷つけられるか、死ぬことさえある。その交換がなんであれ、寄生者が得をし、寄主は失う。寄生者が虫か、魚か、あるいはコウモリかは問わない。ぶらぶらしながら寄主を捜す。それが寄生者である[2]。

血吸いコウモリは血液を飲み、それ以外のものは食わない。それはグロテスクにみえるかもしれないがはっきりとしたものである。コウモリにとって血液は完璧な食物である。それを飲む時、消化管がブリトー［メキシコ料理の一種、ここでは血液のこと］から栄養素をひきだし、それを直接に血流の中に取り入れ体中に流すと、細胞はその栄養素を得ることができる。血吸いコウモリが一匹の牛の血液を飲む時、必要とする栄養分子が全て注ぎ込まれる。しかしながら、一万四〇〇〇倍の重さのある一匹の牛から血液を得ることは容易なことではないであろう。

世界中に棲んでいる一二〇〇種以上のコウモリのうち、三種だけが血液を飲む。彼らは、衣服を着た牙を持つヨーロッパ人［吸血鬼ドラキュラを意味する］に変わることはない。それにもかかわらず、彼らは血吸いコウモリとよばれる。三種の全てが中央アメリカと南アメリカに棲む。そのうち二種は木の上で眠っている鳥に忍び寄り脚の指を咬む。三種目はナミチスイコウモリと呼ばれ、哺乳類の血を吸う。ナミチスイコウモリは通常牛の血を吸うが、幅広い種類の動物から吸血することができる。そして眠っている人間から吸うことも知られている[3]。

ナミチスイコウモリはネズミ位の大きさである。餌をとるために、コウモリは眠っている牛に忍び寄り地面から這い上がる。十分に近づくと牛の皮膚に近い血管を鼻の上にある温度センサーで見つける。探すのは大きい頚静脈のようなものではなく、毛細血管である。人では頬、頭のてっぺん、指やつま先にあるような、表面のすぐ下にある血液でバラ色になっている場所、触ると暖かく感じる場所である。牛ではそのような毛細血管はひづめの周り、頚の上、耳の周り、生殖器のすぐ上などにある。そこが血吸いコウモリの咬む所である。

ドラキュラとは違って、本当の血吸いコウモリは牙で咬みつくことはない。その代わり、咬みたい箇所の毛を歯で巧妙に剃り取る。それから上にある真ん中の二本の歯で皮膚に浅い傷を作る。剃られた部分は深さ約六ミリ、幅約六ミリしかないが血が出る。それは人がひげ剃りで顔の毛細血管を切った時に、頬から血が出るのに似ている。血を飲む間、血吸いコウモリの唾液の成分のおかげで、牛の皮膚の切り傷はゆっくりと血液をしたたらせる。コウモリは二十分から四十分間吸血し、その間中、余分の水分を尿として出す。そして、テーブルスプーン一杯ほどの血液を摂取して、その体重を約五〇パーセント増やす。それから、コウモリは飛び上がりねぐらに帰ってぶら下がる。

血吸いコウモリがその寄主に歩いて近づくということは重要な点である。なぜならば、コウモリにとって歩くということは特別珍しいことだからである。血吸いコウモリだけが他のコウモリと違って歩く。それは彼らが血液で生きているからである。大部分のコウモリは決して地面に降りない。そして、偶然に落ちたものはできるだけ早く地上から跳び上がる。一方、血吸いコウモリは全く気楽に地上を歩く。そして彼らは驚くべき器用さで林床から跳び上がる。事実、血吸いコウモリの跳躍についての極めて有名な生物機械学的研究がある。これによると、血吸いコウモリは人間がまばたくのにかかる時間よりも少ない時間で跳び上がることができる（それは、すでに知られているように、カモがその陰茎を広げるのとほぼ同じ位早い）。そして、約一メートルかそれ以上跳び上がることができる。ネズミの大きさの動物にとってそれは異常なことである。

血吸いコウモリがいるコスタリカのある洞穴に向かって歩いて行く時、私は十二歳の時にジャスティン・ビーバー［カナダのポップミュージシャン］のコンサートの舞台裏に行った時のように感じた。数ヶ月前からコスタリカにいたマーティンは、血吸いコウモリは彼が調べた時には毎回そこにいたと言った。

しかし、彼は私が興奮しているのを見て、数週間その洞穴に行ってないが、と急いで言った。そのため見つかるという保証は何もなかった。初めに私達は一本の小さい川をカヌーで渡った。目的地に近づくと、ボートを枝にしばりつけ小道に沿って出発した。私達が歩くにつれて森の樹は私よりも高くなった。そして全ての枝に突き当たるたびに、サルかナマケモノに出くわすおそれがあった。蒸し暑く、湿っていて、スパイスの香りのある泥のような匂いがした。ひっきりなしにセミの鳴き声がした。そして、私は林床にいる虫達も見ることができた。しかし驚くほど蚊は少なかった。色鮮やかな鳥達が私達の前の道をビューと横切った。私はいつも熱帯雨林がどんなものかを知りたかった。そして今、私はその中にいた。

私達は目的の洞穴から約九メートル離れて立ち止まった。そしてマーティンはその場所について説明し、全てのコウモリを驚かせて追い払う前に私が何を探すべきかを教えてくれた。洞穴の入り口の近くの壁に私はシース尾コウモリを見つけた。これは昆虫を食うコウモリである。この種はオスが尿と唾液と精液を彼らが交尾したいメスにふりかけるというやり方で最もよく知られている〈彼らについては〈嫉妬〉の章で詳しく述べる〉。これらのコウモリを越えて、私はメインの部屋に入るために、しゃがまなければならなかった。穴はわずか約一・二メートルの高さだった。天井に私はアホウドリフルーツコウモリを見た――彼らの洞穴に入った時、近くの熟した果物の種類がそのコウモリの息の匂いからわかった。そのメインの部屋を過ぎてからマーティンが私に言うには、この洞穴は入り口から二・四メートル位で壁の後ろに床の高さで狭くなった穴がある。その穴には上に開いた換気口があり、ちょうど暖炉の煙突のようになっている。もし私が背中を滑り込ませて頭をその穴に押し入れて見あげるならば、私は顔の約一乃至一・二メートル上に二、三匹の吸血コウモリを見るに違いないとマーティンは話した。

私は洞穴にできるだけ静かに歩いて行った。そしてシース尾コウモリを見つけ写真を撮った。それから洞穴を見るためにしゃがみ込んだ。そこには動くものがあった。しかし私は、何が起こっているかを見るには実際に背が高すぎた。そこでリュックをはずして後ろ向きになり、背中を寝かせて洞穴の中に滑り込んだ。洞穴の床は湿っていてひどく臭かった。私がコウモリの糞で滑ると、ぬかるみが私の髪を滑って首に落ちシャツの中に入った。洞穴に入って半分位来た所で私がヘッドランプを点けると、ただちにアホウドリフルーツコウモリがごちゃごちゃいて私を真っ直ぐに見下ろした。彼らのうちの一匹が私のライトを浴びて飛び去った。しかし、それは二、三秒後に戻ってきてもう二匹の隣の以前にいた場所に降りた。彼らはぶら下がる時に、彼らのつま先でねじり旋回して彼らの顔を私の上で回した。彼らは実際に私を見た。そして私には聞こえなかったけれども、彼らもまた超音波による反響定位［超音波を発して、それが物に反射して戻ってくる方向から、その物の位置を知る］で同様に私を観察していることを知った。私はこれまでこのようなことは決して経験したことがなかった。それは私が高校でコウモリについての本で最初に読んで以来、夢見ていた瞬間であった。昆虫を含むグアノ［糞が溜って化石化したもの］が私の首に落ちるのは好まないが、それにもかかわらず、これは私がこれまで行った最も素敵なことであった(4)。

血吸いコウモリは毎晩かなり多量の餌をとる必要があり、さもないと、飢えて死んでしまう。そこでもし、一匹の血吸いコウモリが食べ物を見つけることに成功しないでねぐらに戻った時には、他の血吸いコウモリに血液を吐き戻すようにねだる。この空腹なコウモリは次々と他のコウモリをまわって、彼らのうちの一匹が少し吐いて彼を助けるまで彼らの口を舐める。このフレンチ・キス［舌を使うキス］的血液吐き戻しの交換を信じられないものとしているのは（それが一種のフレンチ・キス的な吐き戻し交換であるという事実に加えて）、このコウモリはこの方法で、血縁のない個体をさえ助けるということである。言いかえれば、ある母親が彼女の赤ん坊に食べさせる、あるいは兄が妹を助けるのを見るのは驚くにあたらないが、家族のメンバーでないものを助ける動物はこれまで予想されたことはないであろう。それは全ての動物を支配する利己主義のスクルージ的ルールに背くものであるように見える。しかし、血吸いコウモリの食物分配は働いている。彼らは誰が過去に助けてくれて、誰がそうしなかったかを覚えているほど賢くない。もし一匹のコウモリがねだるだけで、全く分けない場合は、その群れはその一匹のコウモリのために吐き戻すことを止めるだろう。しかし、今日吐き戻すことによって、一匹のコウモリは、その幸運がなかった次の時に助けてもらうことが保証される。血吸いコウモリは、自身の種の血縁の無いメンバーに食物を分け与える地球上で人間以外の唯一の動物である。

　私はヘッドランプを消して、暗闇の中を前方へと滑って行って洞穴の後ろにある穴の中に頭を入れた。排泄された果物と血液でねばねばに覆われた床から滑って行くと臭いがひどくなった。私は立ち止まった。それから、上からくる甲高いキーキー言う騒音を聞いた——その音はかつて聞いたことがなかったが、私にはそれが血吸いコウモリの声であるとしか考えられなかった！　ヘッドランプを点けようとして右の腕を頭に持っていったが、こぶしが岩に衝突した。その時、私の頭が吸血コウモリの部屋への唯一の出口を塞いだことに気がついた。あまりに暗かったので何が起こったのか見ることができなかった。

　私は、腕を胸と顔の方向に伸ばそうと試み、最後にはヘッドランプのスイッチを押すことができた。

　そこには三匹のコウモリがいた！

　私はこれらの顔を瞬時に判別した。ナミチスイコウモリ、学名はデスモダス・ロッツンダスだ。光の中で彼らの声が大きくなり、私の上にある彼らの止り場のまわりを動き出した。彼らは私に向かって鋭い三角形の歯をむき出し、ミニチュアの龍のように叫び声をあげた。頭につけたカメラを穴の中に入れることができなかったので私はそこに横たわって、ずぶぬれになった。私はそれが気持ち悪い――恐ろしくさえある――ことは完全にわかっていたが、それが人生を変える全経験の一部であると思った。私はどうしようもなかった。私の顔は彼らに曝された。その傷つきやすさを表現するために思いつくのは大洋で初めて泳ぐのに似ていると言うべきだろう。怖いことではある。しかしそのスリルと素晴らしさは、喜んで怖がるのに十分なものである。

　これらの三匹の血吸いコウモリはエキゾチックであったが、私にとって彼らをもっと美しくしているのはその状況であった――これら全ての科学的事実が彼らを私にとって有名人のようになじみあるものとした。これまで私は血吸いコウモリについてあまりに多くのことを知ったので、それは彼らを全ての他のコウモリとは別格のものにしていた。食物になんのバラエティもなく血液のみを飲むことは、血吸いコウモリに異なる味を見分ける能力を失わせていた。[5] 彼らは、一回の食事で自身の体重の半分もの血液を飲む。一匹の血吸いコウモリの胃には脇に袋がありそれを速やかに血液で満たし、そこからその食物をひき続き何時間もかけてゆっくりと消化器官にちょろちょろ流す。この袋がコウモリ達が食物を分ける時に、他の者のために血液を容易に吐き戻すことができるようにしている。さらに言うならば、食物を分ける行動はそれ自体、血吸いコウモリが寄生者になってきたという事実の副産物である。

　その日、私がわかり始めたことは血吸いコウモリは奇妙でカリスマ的であるということであった。なぜならば彼らは血液を餌とするからである。言いかえれば、寄生者であるということが血吸いコウモリをそれほど素晴らしいものにしているのだ。その洞穴の中に横になったことは、私をコウモリ生物学者の道の上に置いた決定的瞬間であった。しかしそれはまた、私が寄生者がいかに信じがたいものであるかを真に評価した最初の時であった。それは私の中に、次に見る価値のある別の怠惰な寄生者がいるかどうか、という好奇心を起こさせた。

そういうものは、これまでにもいた。

人に寄生するものたち

寄生者は生命のある所、どこにでも生きている。裏庭のリスは微小な生物で満たされている。餌台にいる鳥は小さい寄生性ダニで覆われている。パンダは寄生者を持っている。南極のペンギンもそうだ。実際、私が知る限り生物学者は寄生者のいない動物種を見つけることは決して無いであろう。これらの怠惰な寄生的生活スタイルは大いに成功している。もし、地球上の生命の全種数調査が完成することが出来たら、寄生者の種の合計数は寄生者でない種の数よりも多いのではないかと生物学者は主張している。

人間もまた寄生者を持っている。あなたは蚊に刺された経験があるだろう。私もだ。そのかゆみを覚えていますか？　それは、その蚊があなたを刺した時に彼女があなたの皮膚の中につばを吐くために起こる。私が彼女というのはメスの蚊だけが人間を刺すからである。蚊はメスもオスも果物の汁や蜜を食べる。しかしメスは卵を産むために、鉄とわずかな特別のタンパク質を得るために血液を食べる。彼女はその粘液を血を吸い始める前に人の血液の中に吐く。これは血液が凝固するのを妨げるためである。人の免疫システムはそのつばを洗い出そうと活動をはじめる（蚊が吸うのを止めるにはあまりに遅いが、そのかゆみを二、三日作りだすには速い）。そしてその結果の炎症がかゆみなのである。

多くの場合、蚊に刺されても障害にはならない。しかし、時には蚊の唾液腺（だえきせん）はプラスモディウム［マラリア原虫］と呼ばれる寄生者達の宿である。これらは微小な虫のような生物で、一個の赤血球よりも小さい。プラスモディウムに感染した蚊が人間を刺す時、彼女はこれらの寄生者を人間の血液の中に噴出する。それらは血流に浮かんで肝臓に達し、そこに留まり、そして繁殖する。しばらくして、それらは肝臓を離れ、血液の中に浮いて戻る。それから赤血球細胞の内側に彼らの進路をみつける――そこで彼らは繁殖し、赤血球細胞を破壊する。その過程は寄主である人間に恐ろしい熱と、肝臓の障害をもたらし、ある時には脳と脊髄に炎症を引き起こすことさえある。

プラスモディウムによって引き起こされる病気はマラリアと呼ばれる。そしてこの蚊の唾液腺の中の小さい虫のようなやっかいものほど、人間を痛めつける寄生者（あるいは捕食者）は他にいない。これらの蚊を伝搬システムとして使うプラスモディウムは毎年一億人に感染し、そのうち数千人を殺す。その多くは子ども達である。

母なる自然は、さらにいやな寄生者が並ぶバイキング方式を用意していて、その中から選ぶようになっている。例えば、私は個人的には線虫によって下半身が象皮病（ぞうひびょう）と呼ばれるグロテスクに腫れる症状に悩まされた。

人が蚊に刺されて、これらの虫をとりこむと、彼らは人のリンパ管の中で速やかに開業する（リンパ管は腫れた組織から余剰の液体を排出する。そしてその液体を血流に中に戻す）。この虫がこれらのリンパ管を見つけると、彼らは約二・五センチから一〇センチの長さに成長してどこかへ隠れる。そして最長三十年も免疫システムの目をくらます。

三十年も！

それが、どんなに長いか理解できるだろうか？　約一〇センチの虫が人間の体の中にいて、免疫システムから一日でも隠れおおせるなど不可能であろう。もし人間がこれらの虫の隠れる能力を真似ることができたなら、免疫システムによる拒絶が、生存のための主な障害物である臓器移植にとって絶対的に画期的なものとなるだろう。私は、私達がこれらの虫を愛すべきだと言っているのではない（まったく違う）。しかし、彼らが成し遂げることには敬意をはらうべきである。

やがては、この虫は老いて死ぬ。そしてその時、隠れるためのシステムが解除され、人間の免疫システムが、突然、体の中に巨大な虫のいることを知り激怒する。腫れは激しく直接的である。しかし、余分の液体を排出すべきリンパ管は虫の死骸で詰まっている。その結果、肢体は想像できないほどの容積に腫れ上がる。これが象皮病である。

まさに象皮病とマラリアのケースは、あなたが母なる自然の暗い面を納得するのには十分ではないだろうか。……線虫が人に入ると、体の中に隠れ、器官を食い、そして人間を殺す。人のコンタクトレンズの裏側に巣食い、人の眼球を食い、その人を盲目にするアメーバがいる。ギョウチュウと呼ばれるものは、人の直腸の中で生き、卵を産むばかりになると、その人が眠るまで待っていて肛門から外に出て卵を産む。そこで朝にかゆみを覚えて卵に指でさわると、その人が朝食の料理を作る時に、その卵は偶然に他の人々に渡る。

もう一つの注目すべき人間の寄生者はヒルで、ミミズに近縁の血を吸う動物である。ヒルは二つの吸盤を持っていて、――一つは口にもう一つは尾にある。そしてヒルはシャクトリムシのように動き回るために、それらを同調して使う。あるコウモリ研究者の一人が一度私に話してくれたことを覚えている。彼はベトナムの森にコウモリの探検に行った時、排便するために高い草の中でしゃがんだ。彼がしゃがんだ時、草の尖端が眼の高さにあった。そして彼はその先にヒルがいるのを見た。ヒルは尾の吸盤から体を上方に延ばして、外国の指人形のように体を波打たせた。そのヒルは彼にむかってのしかかり、忍び寄り、それからもう一度休み、なおも再びやってきた。用便を済ませたあと彼はヒルをとり除かなければならなかった。私は彼にそれ以上詳しいことを尋ねることはできなかった。

ヒルは人間の血を吸うが彼らはあらゆる種類の他の動物血も吸う。あるものは単純に動物の脚に吸いつく。しかし、動物が小川から水を飲もうとすると、その鼻に泳いでくるように特殊化した別の種もいる。そして、それは痛みもなしにその寄主に付着して血を吸い始める。ひとたびヒルが付着すると、それはもとの重さの約一〇倍に膨れるまで血を吸う。それから、その動物が次に小川から水を飲む時にヒルは離れて泳ぎ去る。ちょっとかすり傷をうけた寄主を残して、二、三ヶ月間静かに血を消化する。(6)

人間はヒルによって吸われないように、できるかぎりのことをする。しかしそうではない場合もある。ヒルがその人を大いに助けるような実例がある。例えば、ホホジロザメが人の指を二、三本噛み切るとか、一匹のイヌが人を襲い、下顎をその人の口の中に入れて頬をまるごと引き裂くとか、顔の一部をガンによって失うとか（くわばらくわばら）の場合である。私は作り事を言うのではない。これらの場合には、外科医が指や頬、あるいはその人自身の前腕からとった肉の移植片をつなぐのだが、それを助けるためにヒルを使う。

元の場所に肉片がぴったり合うように縫い付けることは不可能であろう――そのくっつけた肉には血液が一定な流れをして循環する必要がある。さもないとその中の細胞は死ぬであろう。外科医は体の中の動脈から、その皮膚の縁に血液が確実に注入されるように、そしてその縁の中の静脈が体の中の静脈に適切に繋がるようにする必要がある。しかし、血管を並べるのは難しく、時には血液の排出が全く完全に働かないで小さい袋を作り始める。組織の中に血液が溜まるのはよくない。しかし、ヒルを再び着けた肉の表面の上に置くことで外科医は血液がどこにも溜らないようにできる。ヒルがその箇所の血液を吸うので血が溜らなくなるのだ。ヒルを新しいものに頻繁にとりかえることで、患部の全血液ネットワークは治癒の時を迎える。

外科的処置をした患部から人間の血液を排出するために、私達の最も洗練された技術よりも、ヒルがよい仕事をするという事実は私にとって驚くべきことである。ヒルの吸盤は吸い口をきれいに切るために一〇〇本以上の歯を持っている。しかし、ヒルは咬んでも痛くないように独自の麻酔剤を持ち、そして血液が流れ続けるように独自の抗凝固剤を持っている。そして、いちばんよいことはヒルが傷を残さないということである。

人間がこのようにヒルを利用する時、ヒルはもはや寄生者として数えられないということは注目する価値がある。覚えていますか。ある寄生者はその寄主に全体的なコストを課さなければならない。人の頬が再び着いて治ることは利益である。もし私の脚の上で見つかったならば寄生者として数えられるのと同じ種のヒルが、外科医が使うヒルなら寄生者として数えられない。寄生は全て関係性である。ある意味では、ぶらぶら時を過ごしている怠惰な動物を連れて来て、彼らを私達のために働かせるのである。

これは、私達がヒルに与える唯一の仕事ではない。研究者達はヒルを熱帯の国々の、稀少な哺乳類の保全の助けにするためにも用い始めている。研究者たちは何ヶ月もの間、一匹も見つけられないような稀少な動物を探してベトナムの森をどんどん歩く代わりに、生息地のある地点に行き、そこでヒルを捕まえ、ヒルの体内の血液のＤＮＡを調べてヒルがどんな動物から血を吸ったかを調べる。一匹のヒルは食事のあと何ヶ月も血液を貯めることができる。そこで一つの場所で採集されたヒルは過去数ヶ月間に、そこにいたさまざまな動物の全てについてヒントを与えることができる。この方法を用いて、研究者達は非常に稀なベトナム産の哺乳類のＤＮＡを見つけている。その中には、アンナンストライプウサギ、中国のフェレットアナグマ、チョンソンのキョン〔鹿の一種〕、セローと呼ばれるめずらしいカモシカがいる。あなたは、これらの動物名をどれも聞いたことがないであろう（悪く思わないでください――私も同じです）。しかし、それがポイントだ。これらの国々で働く保全生物学者さえ、これらの生物についてほとんど何も知らない。そしてヒルは彼らについての情報のわずかな源となっているのである。

寄生者たちの出会い

寄生者にはいろいろな種類がいる。しかし時には寄生者のように見えるものが全く別のものであることが分かる。クロイヤーの深海アンコウと呼ばれる魚がいて、大洋の表面から一キロから二キロ下の暗闇に棲んでいる。メスは約六〇センチの長さで、その前頭に長くて細い柱が突き出ている。その柱の尖端に彼女は細菌を含む一つの袋を持つ。これらの細菌は光を出す。そして彼らが生み出す光は小さい魚を惹き付ける。その魚をアンコウは食う。『ファインディング・ニモ』［魚を主人公にしたディズニー映画］で、深海のアンコウを見たことがあるだろう。彼女はマーリンとドリーを彼女の発光器官に引き寄せて、もう少しで彼らを食う所だった。

細菌はアンコウに利益を与えるので、明らかに彼らが寄生者ではないことが分かる。しかし、私が言いたいのはそれではない。もしメスのクロイヤーの深海アンコウを注意深く見るなら、彼女の腹からヒルによく似たものが突き出ているのが常に見つかるであろう。しかし、それはヒルではない。それは別の魚である。最初、その小さい魚は寄生者だと思われていた。しかし、全く別のものであることが分かった。それはクロイヤーの深海アンコウのオスであった。

この種のオスとメスは暗闇の中で稀にしか会うことがないので、彼らはメスが卵を産めるばかりになった時に確実にオスが近くにいるようにする戦略を用いる。彼らが出会った時、オスは彼の口を彼女の体の下に埋め込む。そしてそこに留まる。その後、彼女の皮膚は彼のまわりに成長し彼らは一つの自ら受精する雌雄同体の怪魚となる。あるいは、もしそう言う方がよければ、彼女は陰嚢を持つメスとなる。彼女はオス、メス両方のために狩りをする。彼女は生物発光誘引器官と巨大な口を持つ。一方、オスはこれらのどちらも持たず彼女の体液を餌とする。それは彼をほとんど一匹の寄生者とする。しかし、彼は彼女のために精子を作るので彼は寄生者ではない。彼女にとって彼は確かに一つの苦痛ではあるが、彼女はこの関係から利益を得る。だから、いかにそそのかされても、彼を寄生者と呼ぶことはできない。

アンコウは、彼ら自身のパートナーを深い大洋の底で見つけることが難しいという問題をうまく処理するために、寄生者のような生活スタイルを用いる。しかし、寄生者の生活スタイルには不都合なことがある。もし、ある動物が深い海の中で性行為の相手を見つけることが難しいのであるなら、寄主の体の中の寄生者が交尾相手を探さなければならない状況を想像してみよう。その寄主の体の中には見つけるべき自分の種の寄生者はいないので、その寄生者は永久に相手を探しつづけることになる。これが、人々に感染する小さい扁形動物が直面する潜在的な窮地である。そして、これが、この扁形動物のカップルが最終的にある人の内側で繋がって、そのロマンスを終わりにする理由である。

この特殊な扁形動物は住血吸虫と呼ばれ、カタツムリの中から出発する。この寄生者は最初にカタツムリから泳ぎ出し、ちょうど八時間以内に一人の人間寄主を見つけないと死ぬ。幸運にも誰かを見つけると、その人の皮膚を通って潜り、血流に入り、肺まで浮かんで行く。そこで虫は二日間休み、タンパク質の被覆を作って、人間の免疫システムがその虫を認識できないようにする。それから血流の中に戻る。その後、人間の膀胱か腸に近い小さい血管に行く。そこが配偶者を探す場所である。そして想像できるように、一匹の配偶者を見つける確率は極めて低い。

もし、オスとメスの住血吸虫がそこで巡り会うと、より小さいオスはメスの体を走り下る溝の内側に体を丸める。[7] 彼は約一・三センチの長さのホットドッグに似ていて、彼女はわずかに長いコッペパンに似ている。その場所におちつくと、彼らはコッペパンの上のホットドッグのような性行為を行い、この性行為は最大三十年続く。

その時間の間、彼らは一日におよそ三〇〇個の卵を血液の中に放出する（三十年では三〇〇万個以上の卵となる）。これらの卵の半分は人間の寄主によって吸収され例えば大便と尿の中の血液のような、あらゆる種類の問題を引き起こす。そして半分は寄主の尿や大便の中に入り体の外に出る。幸運であれば（寄生者にとって）これらの排泄物は水の中に戻り、他のカタツムリに感染し生活環が続くことであろう。

オスとメスが同じ血管の中で同じ時に出会う確率があまりに低いので、これらの線虫は何億兆個もの卵を作って、そのうちのごくわずかなものがこの種の幸福にあずかるという戦略を採用してきた。住血吸虫にとってよいニュースはその戦術が働くように見えることである。二億人の人々がこの病気にかかり、それはビルハルツ住血吸虫あるいは住血吸虫症と呼ばれている。しかしもちろん、住血吸虫にとってよいニュースは人間にとっては悪いニュースである。

人を殺すマラリアとは違って、ビルハルツ住血吸虫は免疫システムを弱らせる。それによって、これに罹った人々は他の病気や感染に罹りやすくなる。私は、マダガスカルで二〇〇八年のある長く暑い日にコウモリの研究をしたあと、ビルハルツ住血吸虫の恐怖のために冷たい川に脚を浸けるのを避けたことがある。そこはキアンジャバトの小さい村だった。私達は、そこに捕らえにくいマダガスカル吸盤足コウモリを探しに行ったのであった。

私は、住民が体と衣類をその川で洗うのを見た。しかし、私の寄生についての知識からすると、その清純な川は死への入り口のように見えた。私はその時マラリア予防の薬を飲んでいた。しかし住血吸虫には無防備だったので、それが私を怖がらせた。

ヨーロッパや北アメリカでさえも、人は住血吸虫に取り付かれる可能性がある。もし「水泳者かゆみ症」にかかったら、それは鳥に感染する住血吸虫によって刺されたものである。幸いなことに、それらは何らかの障害が起こる前に人間の免疫システムによって殺される。これらのかゆみは脚にみみず腫れを起こす。これは人間の免疫システムが虫を攻撃するために用いる、ヒスタミンによって起こるものであり、どこにでもいる寄生者の大部分が人間に感染できないことの警告である。

寄生者によるマインドコントロール

人間以外の種に感染する多くの寄生者は、私達自身の寄生者とよく似ている。鳥の住血吸虫やゴリラのマラリアは共に、私達に感染するものと、わずかに異なる寄生者の種によって起こる。しかし多くの動物の寄生者は、これまで人間が寄生されたものとはまったく異なっている（ありがたいことに）。寄生者の怠惰ではあるが成功する戦略は、息をのむほど胸が悪くなるスペクタクルを引き起こす。

私が気に入っているものの一つ（私はこれを書くだけで文字通り縮み上がる）は、エメラルドゴキブリバチという名のハチである。それは空を飛んで、一匹のゴキブリを刺す。刺された後、そのゴキブリはまだ歩くことはできるが、それ以外のことは何もできなくなる。次にそのハチはゴキブリの一本の触角をつかみ地下の巣までひきずる。それは、あまり訓練されていないイヌが、革ひもでひっぱられるのに似ている。それからハチはそのゴキブリの上に一個の卵を産み、土に埋めて立ち去る。卵が孵化すると、ウジ（幼虫）がゴキブリの中に潜り食べ始める。ゴキブリをできるだけ長く生かしておくために、ウジはゴキブリの器官を注意深い順序で食う。そしてまた、その場所全体をきれいにする化学物質を吐き、ゴキブリが新鮮なままでいるようにする――すなわち、ウジの食物源を悪くする細菌がその昆虫で育たないようにする。これらの戦略によってウジは同じ無防備なゴキブリを数週間食べられる状態にする。そして本当に吐き気をもよおすことには、ゴキブリが最期まで生き続けていることである。その後、ウジは成虫のハチに変態し、羽化して土の中から地面までトンネルを掘って出てくる。

人はどんなにゴキブリを嫌がっても構わない。しかし、その死に方があまりに酷いことは認めるべきである。

しかし、心に留めるべきことは、これがエメラルドゴキブリバチが繁殖する全ての時に起こるということである。彼らはゴキブリを苦しめることによってのみ繁殖することができる。それは、あちこちで突然に悪いことを始め、他の生き物を不必要に苦しめるハチではない。エメラルドゴキブリバチは毎回、苦しめられたゴキブリの死骸から生まれるのである。

この寄生はあまりにも無慈悲なので、卵を生きた寄主の体内に産む動物には独特の名前が与えられてきた。彼らは寄生者ではない。彼らは捕食寄生者である。実際このような生き方をしている多くのハチ、ハエ、甲虫、蛾、その他の昆虫がいる。信じられるかどうかわからないが、全ての昆虫種のうち一〇パーセントは捕食寄生者である。もしハエを見るならば、その中で一万六〇〇〇種の捕食寄生者を見いだすであろう――それは大まかに見て世界中の全てのハエの種の五分の一である！　言いかえれば、生きた寄主に卵を産むことは生物学的に稀なことではない。それは普通のことである。そして、そのことは数百万もの世界中の動物が、ここで述べたようなやり方で苦しめられているということである。

捕食寄生者の犠牲にならないための多くの抑止戦略がある。あるものは卵を産む攻撃者と戦って退ける。一方、他のものは、はじめから彼らを避けようとする。ある捕食寄生者は寄主をその糞の匂いによって見つけ出すので、見つからないようにする一つの方法は、その寄生者が自分の糞に決して近寄らないようにすることである。そこで、ブラジルのセセリチョウの一種の幼虫はいつでも一秒間あたり約一・三メートルの速さで排便し、その糞を約七五センチも遠くに飛ばす。

長い間、この排便の早業は肛門櫛（こうもんくし）と呼ばれるブラシによる、はね飛ばしによって行われるものと思われていた。それは、歯ブラシの毛をこすると練り歯磨きを鏡一面にはねかけることができるのに似たやり方で糞を発射するというのである。しかし、そうではなくて、自然は、はるかに大まかだった。現在では、糞の投げつけは圧力をかけて行われることが知られている。それはちょうどストローで紙つぶてを発射するようなものである。私はある時、マダガスカルで爆発的な下痢になったが、そんな時でもセセリチョウの幼虫のやり方の足下にも及ばなかった。

この超排糞者が最初に進化した、そもそもの理由は寄生者の致死的な脅威であった。動物の体の形、動物の行動、そして動物の進化にとって寄生者はそのように重要である。人々が進化を記述する時、彼らは通常いかに動物が捕食者によって食べられることを避けるために働くべきかについて語る。しかし寄生者は多くの状況ではるかに重要でさえある。

捕食者が誰が生きるか死ぬかを選んでいるように見える時でさえ、本当に支配しているのは寄生者であることがある。例えば、一つの納屋の中の特定のコウモリがアライグマに食われ、その周りの他のコウモリが食われなかった場合、その特定のコウモリはある寄生者によって病気になっていたのかもしれない。その餌動物の体内の寄生者にとって、食われたということは彼らがその捕食者の体の中に入ったことを意味する。突然の病気は餌の生体ロボットの失敗ではなくて、寄生者のＤＮＡによる生体ロボットのハイジャックである。これによって、病気と健康はまったく新しい光の中で見えるようになる。

もし、それが十分でなければ、時には寄生者はさらにもう一歩すすみ、寄生者のDNAの生存の確率を改善するため、驚くべき方法にむかって彼らの寄主の行動を変える。そこには実に沢山の実例があるが、私の好きなマインドコントロール［強制によらず、さも自分でその方向に導かれたように行動させること］をする寄生者はトキソプラズマと呼ばれる。

トキソプラズマ［寄生性原生動物の一種］はネコの寄生者である。しかし、それはまたその生活環をネズミの中でも過ごす。そしてそのネズミは彼らによってマインドコントロールされるものの一つである。いかに生活環が働くかは次の通りである。最初、一匹のネズミが偶然にトキソプラズマを食う。それはネズミがネコの糞で汚染された何かを食った時のことである。二、三週間後、これらの卵はネズミの体内で包嚢（ほうのう）に変わる。その感染されたネズミがネコによって食われた時、これらのトキソプラズマの包嚢はネコの胃の中に入る。後に、そのネコは排糞する。そして、その糞はネズミが食う何かの上に付着する。こうして生活環が繰り返される。単純だ。そうだろうか？　この生活環（寄生者にとっての）のきわどい部分は、ネズミがネコに食われることによってもたらされるという所である。明らかに、それはトキソプラズマ寄生者のためには期待されるよりもはるかに難しいことである。

問題は（寄生者にとっての）ネズミはネコを避けるのが確かに巧い。例えば、ネズミはネコの尿の臭いに出会うと、鼻からの神経シグナルがネズミの脳の恐怖センター［扁桃体］にまっすぐに行き、ネズミはそこから本能的に立ち去る。言いかえれば、ネコの尿の臭いはネズミを恐れさせる。そして、それは彼らのDNAによってネズミの中に組み込まれている。カゴの中で飼われたネズミでも、彼らが初めてネコの尿の臭を嗅いだ時にはおびえる。こうしたネズミの本能は、寄主がネコによって食われる必要がある寄生いからである。

者にとっては本当に問題である。ネズミがネコに食われなければ、寄生者のＤＮＡは決してうけ渡されな

ここにトキソプラズマの解決法がある。寄生者がネズミの中で包嚢になる時、多くの包嚢はネズミの脳の中で形成される。そして、これらのうちのあるものは、通常はネコの尿の臭いによって引き金が引かれる恐怖センターで、まさに形成される。ともかくも信じがたいことには、これらの包嚢は脳の配線を変えて、トキソプラズマに感染したネズミがネコの尿を嗅いだ時に、その神経シグナルが恐怖センターにはまったく行かなくする。その代わりに脳の性的快楽回路に航路変更される。言いかえれば、トキソプラズマに感染したネズミはネコの尿への恐怖を失い、それによって性的に刺激されるのである。

当然のことながら、これは彼らを正常なネズミよりもネコの近くで時を過ごさせるようにして、寄生者が彼らの生活環を完成させる確率を向上させる。

これが、寄生者は生態系において捕食者と餌動物と同じ位重要なものだと言った時に、私が話したかったことである。ネコがネズミを食べるのは見ることはできる。しかし、もし寄生者がネズミを支配しているという事実をぬきにするならば、何が起こっているかを本当に理解することはできない。

それを想像するために一秒下さい。ある寄生者が私達自身の行動を変えることができるのは基本的な道だろうか？　もしそのアイデアが、あなたを怖じけさせるならば、あなたは、ここで読むのをやめたいと思うだろう。もし、あなたの脳に棲み着いた微小な寄生者によって、あなたが人形のように支配されるという考えが、あまりにも気味の悪いものであれば恐らく、この本はあなたのための本ではないであろう。

まだ私と一緒に行きますか？

では続けましょう。時には人間も偶然にネコの糞を食う。ちょうどネズミのように。それが起きる時、人間にとっては、トキソプラズマの包嚢が体の中に入ることで終わる。実際、それは常に起きている。ある推定によれば、世界の人口の三分の一が感染している。三分の一！ 私は開発途上国についてだけ話しているのではない。アメリカ合衆国における感染率は八分の一である。そしてある国では、その数が一〇人中七人に近い。これはショッキングかもしれない。しかしそれは道理にかなっている。ネコ（とネズミ）は人間のいる所、ほとんど、どこにでも棲んでいる。飼い主が数年にわたって、二、三日ごとに猫砂を換える時に、微量の糞の粉末が口に入る。

ところで、妊娠した女性に猫砂を掃除させてはいけないのは、このトキソプラズマが理由である。その砂はトキソプラズマの卵で一杯かもしれない。そして、この寄生者は大人の人間には比較的害がないけれども、妊娠している間に感染すると、まだ産まれる前の赤ん坊に深刻な障害を引き起こす。

この段階で、あなたには、おそらく沢山の疑問があるだろう。あなたはその組織の中にトキソプラズマの包嚢を持っているだろうか？ そうかもしれない。もしそうなら、猫の尿の臭いはあなたを性的に興奮させるだろうか？

性的興奮に対する答えはおそらくノーである。この寄生者が人々にネズミと同じように影響することはない。回線の付け替えは起こる。しかし、それは私達がネコの尿の臭いに性的に誘引されるようにはならない。その代わりに、それは別のことをする。

その一つとして、トキソプラズマに感染した人の反応速度は正常な人よりも約一二ミリ秒ほど遅い。それは小さい違いであるが、トキソプラズマに感染した人々が、感染しない人々よりもより頻繁に交通事故にあうことに関係する。また、科学者が標準的な個性アンケート調査をすると、トキソプラズマに感染した人々の得点は感染しない人と異なっている。しかしながら、その変化は微妙で解釈が難しい。男性はルールを無視し、より疑い深く、嫉妬深くなるが、女性はより親切で、より寛大になるように思われる。しかし、両性とも新しい活動を試す衝動が低い。この寄生者は私達の心をいじくりまわすが、彼らが私達の行動を変えることで何を望んでいるかがわからない。それは全て、まったく混乱している。

実際何が起きているのだろうか。人間の脳とネズミの脳は似ているが、それらは十分に異なるので、寄生者はそのネズミの脳への戦略を人間に使うことは出来ない。その代わり、トキソプラズマがそのDNAの指示に従ってネズミの脳では働くことが、人間寄主の脳ではナンセンスな調整となるのであろう。ネコの体内で終わるべき寄生者が人間の内部に行くことはこれまでなかったので、自然選択は、なんらかの意味のあるものにこれらの操作を微調整することができなかったのである。

人間の行動に対するこれらの変化が、寄生者に役立つ何か有用な機能を持つことはないけれども、確かに彼らは人間にある違いをもたらす。その一つとして、トキソプラズマが世界の異なる場所にいる人々の間に存在する、文化的相違の原因であることが示唆される。例えば、「男性はルールを無視し、女性は親切」はブラジルであてはまるが、そこでは人間へのトキソプラズマの感染率は六七パーセントである。これに比べて、韓国では四・三パーセントである。人々はネコがその飼い主をいかに操縦するかについて冗談を言うのが好きだが、それがネコの寄生者に関係があるという時、これらの冗談は突然に滑稽なものでなくなる。

トキソプラズマが、その予定された寄主であるネズミに感染する時、それはその寄主をネコを恐れず、その結果死ぬことになるように操作する。なぜならば、その操作は寄生者が生きて行く助けになるからである。しかし、ある時には、ある寄生者の最良の戦略が、その寄主を生かすためにもなっている。これらの場合、ある寄生者はその寄主を大事にする。そして、私の好きな例はコウモリに関係した物語である。私はそれを十年以上前に私の父に話した。そして彼は今も時々、それを持ち出すのである。

寄生者とDNA

問題の寄生者は、ある蛾の耳の上で生きるダニである。その蛾はその耳を、近づいてくるコウモリの鳴き声を聴くために使う。コウモリは反響定位——暗闇の中で高い振動数で叫ぶ——を用いて蛾を狩るので、それを聴くことは蛾にとって重要なことである。その蛾はコウモリの来たことを聴いて回避的な策略をとることができる。蛾が夜にコウモリの声を聴かないということは、ガゼルが日中に目隠しをしてライオンの間を動き回るのと同じ位に攻撃されやすいということである。

ところで、これらの耳は蛾の翅の上にあり、コウモリの反響定位の高い振動数の声に同調している——その音はあまりに高い振動数なので人間にはそれが聞こえない。それは人間の耳のようにそれぞれの翅の上に一つずつあり、それらは互いに独立に働く。

問題は寄生者が蛾の耳に棲みついた時に（ついでながら、彼らは他の場所では生きることができない）彼らは数百の卵を養う——そしてその過程で耳は働きを止める。それは蛾にとっては悪いことである。なぜなら、それは彼らを食いに来るコウモリの声を聴くことができないことを意味するからである。そして次にそれは寄生者にとっても悪いことである。なぜなら、その蛾が食われれば、寄生者も彼女の卵と一緒に死ぬからである。

さあ、聞いてください。というのは、これが私の父がいまだに理解できない所ですから。ダニの一つの群はこれまで蛾の一つの耳しか侵さなかった。ある時にはそれは右で、ある時には左であり、一度に一つの耳だけが侵されて、ダニは決してもう一つの耳を侵さない。なぜか？　それが、寄生者が両方の世界の最良のものを得る方法だからだ。蛾はなおもコウモリが来ることを一つの良い耳で聴くことができる。そして、ダニ達は彼らの卵を育てる。ダニは生きるために彼らの寄主を傷つけなければならないが、彼らは寄主を生かしておくために十分な気配りをしている。

寄生者達は、よく働く者から怠惰な態度で盗みを行う。そして、ある時にはマインドコントロールで彼らを命令に従わせさえする。怠惰は自然の中で申し分なく生きている。血吸いコウモリからトキソプラズマまで、寄生者達は自然をより複雑にし、より興味深くし、そして（これを私は言いたいのだが）彼らがいないよりはより美しくする。そして、繁殖の間、オスがメスの寄生者のようにふるまうアンコウや私達人間が生命の初期にやっているように、寄生者の作戦計画書が借りてこられる。

確かに、それは、あなたに起こったことである。人間の胎児はその母親に対してすこしばかり寄生者のように行動する。そうではありませんか？　一人の胎児として、サムはシェルビーの血流から酸素と栄養を取った。そしてサムの胎児としての体は、シェルビーの免疫システムを抑圧する化学物質を放出することさえした。そのため彼女の体は彼を拒否しなかった。もし模倣がお世辞の最も正直な形であるなら、私達人間は全ての過ぎ行く世代とともに寄生者に模倣を申し込むであろう。

一人の母親と彼女の胎児は全く切り離された生物体である。そして、一つの体を九ヶ月間わかちあうことは、彼らの両方にとってつらいことである。例えば、母親の免疫システムと胎児の免疫システムの間の緊張関係は、同性愛をもたらすという驚くべき結果を生むことがある。母親の免疫システムは次々と生まれる息子によって生産されたオス抗体に対して、極めて強い免疫反応を発達させる。あとから生まれた息子は彼らの母親の免疫システムによって、より攻撃的に襲われるという事実によって、これらの息子が成長したのち同性愛者になりやすいと考えられる。明らかに、これは同性愛が存在する理由ではない。しかし、ある少年が彼の兄より三三パーセント多く同性愛になる傾向がある理由は、おそらく母親の免疫反応である。最初の息子は約二・〇パーセントが同性愛者である。二番目の息子は二・七パーセント、以下このようにして、六番目の息子は八・五パーセントにもなる。この相関関係は男性の同性愛にのみ適用され、女性にはなく、女性の姉妹の数も関係しない。

そして胎児が母親の免疫システムの激しい攻撃から生き延びなければならないのとちょうど同じように、またはそれ以上に母親も防衛しなければならない。しかしながら、妊娠中の、つわりと妊娠線その他の全てのコストがあるにもかかわらず、出産の試練、あるいは一人の人間として世話をする、かなりの働きを述べるまでもなく、子どもは彼の母親にとっての寄生者ではありえない。母親は彼女の赤ん坊の存在から莫大な利益を得る。それは、これらのコストの全てを上回るものである。それはシェルビーがサムから得た利益であり、同様に父親として私がサムから得た利益である。サムを通して私達それぞれの違うＤＮＡ配列がうけ渡され、私達の生体ロボットが死んだあとでさえ、それらは生き延びることができる。生命のゲームの中で、これよりも大きい褒美はない。

けれども、寄生者は生体ロボットの物語を複雑にする。なぜならば寄生者は個体性の概念をひっくり返す。一匹のネズミがネコの尿によって性的に興奮する時、ネズミの体は、まだネズミの生体ロボットとして行動しているのか、あるいはネズミの体はいまやトキソプラズマの生体ロボットになったのだろうか？ある人が数億の住血吸虫の卵を彼の尿を通じて小川にこぼす時、その人は彼自身のDNAのために働いているのか、あるいは彼の内部にいる住血吸虫のDNAのために働いているのか？　一匹の蛾がコウモリの攻撃から生き延びる時、それ自身のDNAが感謝すべきなのか、ダニのDNAが感謝すべきなのか？　サムが午前三時に何の理由もなしに目覚めて、私が彼の部屋に走って行って寝付くように彼を揺する時、私は私自身のDNA生体ロボットなのか、サムのDNAが私という人形の紐を引っ張っているのだろうか？不意に、世界中の生体ロボットを操縦するDNAの紐が不連続性を少なくする。それは究極の怠惰である――もし自分自身の生体ロボットを作ることに、あまりにも不精であるなら、誰かのものをハイジャックする道を探せばよい。

(1) この研究プロジェクトは、コウモリが彼らの手首と足首の上の小さい吸盤を使って、いかに葉の滑らかな表面に体を保つかを確定するために計画された。二年後に、私はその論文を出版した。これにひきつづいて、十年後にマダガスカルに棲み、同じことをしている似たコウモリについて論文を書いた。これらの二つの異なる種類のコウモリは、彼らの付着器官が別々に進化した収斂的進化のめざましい実例である。コスタリカのコウモリは吸引によって葉にくっつく。しかしマダガスカルのものは湿った粘着をする。それは湿った紙切れがガラスにくっつくのに似ている。それを全て明らかにするために、私には十二年以上がかかった。そして、それは全てコスタリカへの最初の旅から始まった。

（2）寄生者とならなくとも血液を飲むことは事実上可能である。寄主を傷つけることなくそうする道は間もなく見つけられる。例えば、ケニアにいるバンパイアスパイダーというクモは人間の血液を吸う。しかし、決して人間を傷つけない。それは必要な人間の血液を、蚊を殺して食べることによって得る。人間の血を食べなかったクモは十分な栄養を取ることが出来ない。——それは実際に血液が必要なのだ。しかし、それは人間を傷つけることなしに、人間の血液をとるので、人間の寄生者ではない。この血液を飲むクモは蚊を食うので、どちらかというと私達の味方なのである。

（3）ナミチスイコウモリはほとんどの場合、畜牛から吸血する。そして、素晴らしい謎を示す。血吸いコウモリは中央アメリカと南アメリカだけに棲むが、その地域には一四九二年まで牛はいなかったので、家畜がヨーロッパから運ばれる前に血吸いコウモリが何から吸血していたかは誰も知らない。生物学者は血吸いコウモリが元々熱帯雨林の哺乳類の全ての種類から吸血しており、ひとたび畜牛が導入されると、畜牛から吸血するように変わったのだろうと推定している。熱帯雨林の見つけにくい小さい哺乳類から苦労して血液を飲んでいた所、突然、巨大な無防備の畜牛が運び込まれたことを想像してみよう。それは近所に一軒のマクドナルドのドライブスルーができたことに似ている。今日では、畜牛から餌をとらないナミチスイコウモリを見つけることはほとんど不可能である。そして私達は血吸いコウモリの元々の餌を決して知ることはないのである。

（4）その本はブロック・フェントンによる『コウモリそのもの』という本であった。この本を読んだ後、私はブロックに連絡して、コウモリについてもっと学びたいと彼に話した。彼はとても優しく接してくれた。何年か後、彼は私を修士課程に招いてくれた。彼はまさに私を、このコスタリカの旅に送ってくれた一人である。

（5）血吸いコウモリが何も味わうことができないという事実は、私が修士課程を共に過ごしたジョン・ラトクリフという人によって明らかにされた。その実験はまったく簡単である。ある動物に強い風味とともに、何かの餌を与えて、それが吐き気をもよおすようにする。そのあと、その動物はそのような味を感ずるものを食べたいと思わなくなる。ある人が一度メキシコで悪い経験をしたために、いかにテキーラの匂いに耐えられなくなるか聞いたことがある。現在まで、血吸いコウモリは繰り返し吐き気をもよおす経験をした後でも特定の味を避けることを学ばない、これまで見つかった唯一の動物である。

(6) 私が「痛みがない」と言ったのは、寄生者についての「体の中のモンスター」というテレビ番組で、私がネパールで鼻の中にヒルが入った人にインタビューしたからである。彼は鼻血が出はじめるまでそれがいるのがわからなかった。そのあと、ヒルが彼の鼻の外に伸びて彼の顔の前を波打つのをくりかえし見た。この経験の間中、彼は痛みを感じなかった。そこで、これらのヒルが血を吸う動物もまた痛みがないのだと推定するのである。

(7) 住血吸虫はスキストソーマと呼ばれるが、これはギリシャ語のスキストスからきていて、その意味は「縦に裂く」あるいは「分割する」である。

第4章　食うか食われるか〈暴食〉

人も光合成ができるか

人々がこれまで証明しようとしてきた古典的な主張の一つは、自然の実際上の価値とは彼女が提供する食物にあるということである。人は食料品店のカートを果物、野菜、パン、チーズ、卵、肉で一杯にする。それらは自然界からやってきたものである。グミベア〔菓子の一種〕の中の果糖の多いコーンシロップでさえ、ある植物からきた。以下は正当な質問である。もし母なる自然がそれほど利己的で暴力的なら、なぜ彼女は私達を生かしておくという、そんな素晴らしい仕事をするのか。

彼女が提供してくれる恵みは幻想である。彼女は、まったく私達に食べ物を与えようとはしていない。その代わり、私達は自分たちに食べ物を与えるように自然を働かせる主人になっているのである。植物や動物は私達を世話するために、ここにあるのではない。彼らは私達とちょうど同じように進化の結果としてあらわれたのである。彼らは私達のように、彼らの生存と繁殖にベストを尽くす別の種類の生体ロボットである（植物を「生体ロボット」と呼ぶのはちょっと奇妙だと思うが、ＤＮＡとそれが作る体の間の関係については同じなので、私はともかくそう呼ぶことにする）。

植物は利己的である。だから彼らは食われることを避けるために並外れた長さになっている。彼らは動物を近づけないために、刺から毒まであらゆるものを生産する。その反応として、私達はこれと共に大部分の植物を避けることを学んできた。そして、その代わりに私達が食うことができる、わずかな少数派の植物に集中した。実際、私達は数多くの植物を、全く食べていない。私達は極めて少数の、私達を傷つけない植物を選んできた。そして、それらをより美味しくするために育ててきた。例えば、キャベツ、ケール［ハゴロモカンラン］、ブロッコリー、カリフラワー、芽キャベツ、コールラビ［肥大した茎を食べる］は全て同じ種の植物であるブラッシカ・オレラケア［学名］から来たものである。その植物は私達を助けようとはしない。私達が私達自身を助けているのである。

私達が食べる動物についても、彼らが人間によって食われたいとは思ってはいないし、生まれる前の赤ん坊を人間のオムレツの中に入れたいとか、赤ん坊のためのミルクを人間のコーヒーに混ぜたいとは望んでいないというのが、間違いない意見だと私は思う。魚は、オメガ‐3脂肪酸［不飽和脂肪酸の一種で健康によいとされる］の偉大な源であるとされる。しかし、これらの分子は人間の健康のために魚の中にあるのではない。それらは魚のためによいから、そこにあるのである。寿司を食べに行く時、人間は魚生体ロボットからその一部を盗んで自分自身の中に組み込むのである。

植物と動物が私達を健康にするのは、私達の体が、私達が食べる植物と動物に直接反応するように進化しているからである。私達は何千年も自然の賜物を殺したり食べたりしてきたので、人間の体はこれらの種類の食物によって育つように作られている。自然が私達を健康にするために、そこにあるというのは逆である。私達の体は私達のまわりにある他の体から盗むように作られている。私達は植物、動物、菌類を食べることによってのみ生存することができるのである。

しかし、私達は食欲を持ってそこにいる唯一のものではない。私達自身の暴食について明確な見通しを得るために、最初に自然にはいかに強烈な暴食があるかを見ることが助けとなるであろう。それがこの章が扱うことである――自然界の中の暴食――彼ら自身の食物を作る植物から始めて、植物を食う動物、動物を食う動物、そして最後に大虐殺のあとに残された死骸を食べる動物に進みたい。

暴食は多い。

インドにプララド・ジャニという名前の人がいて、彼は一九四〇年の十一歳の時から食物も水もとっていない。私達はどのようにしてこれを知るのか？　それは彼がそう言うからである。ジャニ氏は全ての彼のエネルギーを太陽から得るという。

それは不可能であるように思われる。しかしインドに一人の医師がいて、実際は神経学者で、その名前はスドウル・シャー博士と言い、彼はジャニ氏の主張を二つの別の機会に確かめている。二〇〇三年には十日間、二〇一〇年には十四日間、シャー博士と彼のチームはジャニ氏を注意深く観察し、彼が食物も水もなしに生存することを確認した。

さあ……彼は、毎日彼の口をうがいした水以外は水なしでいた。しかも、うがいの水をまったく飲み込まないことを約束した。また、彼は入浴もしたが、これらの小さい細かな点以外では、彼は絶対的に食物あるいは水なしで、これらの二つの研究の過程を過ごした。

お察しのとおり、シャー博士の研究は科学雑誌に発表されたものではないが、シャー博士は彼のウエブサイト上にＰＤＦを載せて、ジャニ氏が彼自身を「太陽電池」つきの「一種の太陽熱調理器」に変えたかもしれないと説明している。この物語は世界中の新聞とテレビ番組によって報道されてきた。そして、ある人々はそれが本当であると実際に信じた。

けれども、もちろん、それはありえない。

私は、ジャニ氏がペテン師かどうか、また彼が食べたり飲んだりしたことに気づかなくなる精神障害かどうかを知らない。しかし、私は人間が生き続けるためにエネルギーを使うことは知っている。そしてまた、一人の人が太陽光からエネルギーを得る道は無いことも知っている。

シャー博士については、彼はウソをついているか、あるいはあまりよい医師ではないと思われる（あるいはその両方だと私は思う）。一人の人が食物も水もなしに数十年生きることは不可能である。これは人間についての基本的な事実だと思われる。私はこれについては私が不公正であるとは思わない。

人間は水を必要とする。一人の人がまったく水をとらない場合、一週間で死ぬであろう。私達の体は、都市伝説が言うように九九パーセントではないが、六〇パーセント近くが水でできている（この割合は健康状態と年齢によってわずかに変わる）。そしてその水は私達から絶えず流れ出て行く。尿、便、汗、涙、私達の吐き出す息として、そして女性では月経の間に。あまりに多くの水が体から出ていくので、私達の食物と飲み物は一日あたり少なくとも二から三リットルの水を運ぶ必要がある（その量は変わりうるが、宇宙飛行士がどれだけの水が必要かを推定しようとした時に、多くの科学者が用いたのは、二・六リットットルである）。激しい運動や暑い気象の間にはこれらの水は二倍以上必要となる[1]。

水に加えて、人間は食物もまた必要である。なぜなら私達はそこからエネルギーを得ているからである。ハンガーストライキ（水だけは飲む）をした人は、エネルギーの蓄えを全て燃やし尽くして通常一ヶ月か二ヶ月で死ぬ。座っているだけでも一人の人は、毎日約五八〇個の単三電池に相当するものを燃やす。毎日の歩行、会話、労働、その他、全活動の要因と共に、毎日のエネルギーコストは、座っているだけの時の二倍から三倍となりうる。これは単純な物理学である。エネルギーは作ることも壊すこともできない。ジャニ氏の体はエネルギーを使うので彼はエネルギーを摂取する必要がある。

ジャニ氏の主張は、彼のエネルギーを日光から得ているというものである。植物はそれができるがジャニ氏のような動物にはできない。植物がそれをする過程はフォト・シンセシス［光合成］と呼ばれる。フォトは光を意味し、シンセシスは植物が集めた光エネルギーで糖を作る（すなわち合成する）ことをあらわしている。光合成は約二十四億年前に最初に進化した。それは地球上の全ての生き物が一個の細胞からできていて、水の中に棲んでいた時代である。それ故、これらの最初の光合成をする生物は、現在私達が知っている植物ではなく、単細胞の藻類であった。それは例えば汚れた池の表面で見られるようなマット状のものである。多くの種類の単細胞の藻類は今日でもいるが、藻類のある系統はそれから大きく変化して多細胞になり、地上での生活に適応し、私達がよく知っている植物になった（言いかえれば、植物は藻類の特殊化したものなのである）。

植物と藻類は光合成ができる。なぜならば、彼らはこれらの最初の光合成生物の直接の子孫であり、太陽のエネルギーを動力化するのに必要な、複雑な装置を遺伝してきたからである。動物は光合成ができない。それは彼らが、この装置を持っていないからである。プララド・ジャニが突然日光から糖を作ることができるようになったというアイデアは、ある日突然煉瓦工場がスポーツカーを作ることができるようになった、というようなものである。

人が目を閉じて暖かいと思っても、太陽のパワーを利用することはできない。これはまさに化学的過程である。光合成は人間が持っていない、数ダースの信じられないほど特殊化したタンパク質を必要とする。それらは微小な集合ライン上のロボットのように、全て完全に同調して一緒に働く。一条の日光が、ある葉の表面に浸透し、その中にあるクロロフィルaと呼ばれる特殊な分子を興奮させる。放置すれば、その興奮した分子は光のエネルギーを明るく輝く赤色として放散するであろう。しかし葉の中では、それは輝かない。なぜなら、その分子のまわりにある整然としたタンパク質の集団が直ちに活動を始め、そのエネルギーを水（H_2O）と二酸化炭素（CO_2）の分子を引き離すために利用するからだ。それから糖（$C_6H_{12}O_6$）を作るための構成原子群を再構築する。

ところで、酸素（O_2）の分子は、この過程で無駄な副産物として放出され、その結果、植物が持っている余分な酸素は、水と二酸化炭素の崩壊から残される。しかし、ある生物がゴミを作ることは他の生物にとっての宝を作ることである。私達動物は、植物が棄てた酸素を使って生命を維持する（それ以上のことは〈怒り〉についての章であつかう）。

あなたは、これまで中空のゴムボールの半分で遊んだことはないだろうか？　ボールを裏返して机の上に置くと二、三秒後に自然に元の形に戻って、空中に跳び上がる。これは、私が糖について考えていることに似ている。そこでは、エネルギーによって半分のボールが曲げて裏返され、そのエネルギーは半分のボール自身の構造に物理的に溜められている。半分のボールが元に戻る時そのエネルギーは解放されて、その物体をより「楽な」形に緩める。糖は基本的にそのように働く。植物のためのエネルギーは糖の中の原子に取り込まれ、そのエネルギーは後に解放されるように糖の中に居座っている。ある糖が水と二酸化炭素に壊れる時、そのエネルギーは突然現れる。植物は太陽のエネルギーを後で使うために糖を作る。——そのエネルギーは成長、繁殖、その他何でも、生きていくためには必要なものである。しかし、もし動物が植物の一部を食うことによって、この糖を盗むならば、動物は自身のために糖を分解し自分の目的のためにそのエネルギーを用いることができる。

　この本を読む時、人の眼球は端から端まで動く。それは筋肉によってそれが引っ張られるからである。この筋肉によって燃やされるエネルギーはもともと植物からきている。それについて考える時、ちょっと恥ずかしい思いがする。これらのエネルギーの全ては、私達の上に毎日太陽から降り注がれる。しかし、動物の私達はそれを摂ることができない。その代わり、太陽からのエネルギー摂取の仕事を植物にさせて、そして植物を食べる。それはお昼代を学校に持って行くかわりに、毎日自分の弁当を持ってくる子どもを叩いて彼らのものを奪うのに似ている。

　全生態系はこのように働いている。一匹のシカの中のエネルギーは、太陽エネルギーを取り入れた植物から来ている。一匹のピューマがシカを殺す時、植物のエネルギーが渡される——ピューマに。さらにまた、ピューマによって後に残された死骸の一部をきれいにする、小さい哺乳類、鳥、昆虫、菌類、そして、細菌にも渡されるのである。これら全ての生き物（ついでに彼らの寄生者）は、彼らの体の中にエネルギーを取り入れるために常に互いに戦う。そして狩猟が、彼らからエネルギーを盗む他の動物がいないようにする。エネルギーは常に自然を通して流れている。そして暴食は、そのためのメカニズムなのである。[2]

動物VS植物

生態系にエネルギーを供給するノズルとして、植物はかなり荒っぽく振る舞う。アブラムシからシマウマまで終わりのない動物のパレードが、常に植物を食おうとしている。植物は走ったり隠れたりすることができない。そこで彼らは頑固に定位置で自分自身を防衛する。その結果、植物は自然の兵器庫の中で見られる、最も激しく無慈悲で致死的な装置のいくつかを作り上げている。

植物は無害で、食料品店の青果コーナーのまわりで見るようなものと考えるのは容易である。しかし、勿論それは危険な植物がそこに無いからである。過去には、果物と野菜を探し回るのは何百もの食べられない植物の中から、何か食べられるものを採ることを意味した。世界には二五万種以上の植物がある。しかし、人間は私たちのカロリーの九〇パーセント以上を、そのうちの一四種類だけから得ている。それは一パーセントの約一八〇分の一である。これらの一四種の植物はコムギ、コメ、トウモロコシ、ジャガイモ、豆、などのようなものを含む。もし、人間がこれまで、たとえわずかでも食べた全ての植物のリストを作るなら、その数は全ての植物種の約八分の一にはねあがるであろう。

一四種の植物のほとんどは、自然が本来作りあげたものよりも私達にとってよいものにするために、あるいは少なくともより魅力的か食べやすくするために、人間によって何千年もの間栽培されてきたものである。食料品店では扱っている食品について述べる時に自然なという言葉を使うかもしれないが、食料品店の青果コーナーはアフリカのサバンナで、何か食べるものを探して歩きまわることからは、はるかに遠い距離にあるのだ。

多くの植物は、彼ら自身を守るために刺や針を用いる（バラの木を噛もうとしたことがありますか）。鋭い尖った先端は、その植物にさわる時に痛みを伴う――それを食べればもっと痛い――そして植物は、しばしば、これらの先端を有害な化学物質で満たすことでより効果的なものにする。そのため、その植物を食おうとする動物達は火ぶくれになり、ひりひりするので彼らは二度と食べようとしなくなる。なかでも、ブルズホーンアカシア［牛の角状の刺を持っている］は、断トツで他の植物を圧倒する刺を持っている。時には良き攻撃が最大の防御であるという原理にもとづいて働くのは、この植物である。その植物は刺の中に武器を持っている。この武器は這い出して、あまりに近くに来るものを誰彼かまわず繰り返し刺す。もっと信じられないのは、この植物は、まったく有毒でない化学物質を分泌することによって、これを行う。というのは、このアカシア植物は一種の蜜を分泌するのである。

その蜜は小さい、意地の悪い、ハチのように刺すアリの餌として、そこにあり、アリは植物の中空の枝と刺の中に巣を作る。このアリは他にはどこにも棲んでいない――それが彼らがアカシアアリと呼ばれる理由である。このアリは植物を傷つけない。しかし、彼らは食物の全てをその植物から得る。利己的に振る舞いながら、アリはその食物源を他の動物から守る。そして、それは、この植物にとって極めて巧く働く。もし、一匹のシカがブルズホーンアカシアを食べようとするとアリの一咬みで撃退される。このアリは特別に痛い（それは〈怒り〉の章で見るように「まれに、高く、刺すような、種類の痛み」である）。アカシアアリはゾウでさえ追い払う。

　このアリは、この植物の寄生者ではない。それは、この植物が利益を得るからである。生物学の用語でいうと、彼らの関係は共生（きょうせい）である。当事者の両方に利益がある。植物は防御を得て、アリは部屋と食事を得る。しかし、彼らの関係は全て抱擁とキスではない。この二つの種は、アリがもはやどこにも餌を見つける能力がない限り、そしてアリが植物に、この関係で多量の防御を与える限り共に働いてきた。例えば、植物が喜んで生産する蜜の量は、草食動物への脅威の程度によって変わる。一年のうち、また一日のうちでさえ植物はできるだけ少ない量の蜜にとどめる。そして、それがよりよい防御を提供するためにアリが必要な時にのみ、より多くの蜜を分泌する。この植物の蜜で生きることのできるアリの数は、植物の気まぐれによって増えたり減ったりする。この植物は一人の百万長者であると考えてもよいであろう。彼は自分の工場を防衛するために、たとえ侵入者との戦いによって、ある者が死んでも、また他の者が犯罪の少ない期間に一時解雇されたために餓えて死んでも、できるだけ少ない警備員の一隊にしか支払おうとしない。

　ブルズホーンアカシアは、アカシアアリを生きて群がって防衛する武器に変えてきた。そして、その武器を使うべき時と場所を決めた。本質的に、この植物はアリ生体ロボットをそれ自身のＤＮＡのために働くように奴隷化した。この植物の視点からすると、アリはまったく植物自身の体の一部分になったのである。

　アリを奴隷化することは防衛システムとしては効果的ではあるが、草食動物に対する一つの解決法としては、多くの植物で進化しなかった。その代わり、植物の大多数は草食動物に対処するためにもっと単純なことをする。それらは自身を毒のあるものとする。植物達は二〇万種類以上のさまざまな化学的化合物を持っている。そして、これらの化学物質を持つ植物を食った動物への効果は、おどろくほど残忍である。しかし、毒を持つことの問題点は、動物に最も致死的な毒が植物に対してもまた致死的だということである。それは植物のためには悪いニュースである。その過程で自分自身を殺すことになるようであれば、自分を食う動物に有毒であるようにする意味がない。

例えば、シアン化水素は動物に対して極めて致死的である。人間に対する致死量は、約〇・四五キロ当たりシアン化水素約〇・五ミリグラムである。したがって、約九〇キロの人では一〇〇ミリグラムとなる（参考までに、一本の楊枝の重さが一〇〇ミリグラムである）。シアン化水素が動物を殺すのは、糖からエネルギーを得るために用いられる分子装置が妨害されるからである。植物もまたエネルギーを糖から得ているので、シアン化水素はまた植物を殺す。しかし、それにもかかわらず、二五〇〇種以上の植物が草食動物を退けるためにシアン化物を作りだす。けれども、ともかく植物は彼ら自身の毒に負けない。彼らがそれを達成する方法は鮮やかなものである。彼らは基本的にシアン化水素を爆弾の中に閉じ込めて、植物が食われる時にのみ、それを放出する。

ここに、その爆弾がいかに働くかを示そう。前もってシアン化水素を作るかわりに、植物はその中にシアン化水素を持つ、より大きい分子を作る。シアン化水素はその大きい分子の内側に入れ込まれているので、普段は毒にならない化学反応を行うことができる。この部分が爆弾である。同時に、その植物はその分子の残りの部分から、シアン化水素を解放するための酵素を作る。この酵素を爆弾の起爆装置と考えてもよい。この植物は爆弾を組織中にある小さな壁で仕切られた袋に蓄えて、これらの袋を起爆装置の束で取り巻く。植物が傷つけられないかぎり、それぞれの化学物質は離れたままで毒はそれまでは作られない。

しかしひとたび草食動物がこの植物を噛むと、この袋は肉食者によって機械的に壊されて、起爆装置が爆弾を破裂させ、致死的なシアン化水素が草食動物の口の中へ正確に分泌される。それは完璧なシステムである。そしてまったく見事なことは傷つけられなかった植物の部分は、一切毒されないということである。すでに噛まれた植物の部分だけが犠牲になって終わる。

驚くべきことではないが、シアン化水素は草食動物に多くの問題を引き起こす。一方、ゴリラとサイはシアン化水素で自衛している食物を食べる。しかし、これらの植物は彼らが食うさまざまな食べ物のうちの少ない部分に限られるので、おそらく毒は彼らを傷つけるには十分でない。

ジェームズ・ボンドの映画を見たり、アガサ・クリスティの演劇を見た人は、シアン化物が人間に致死的であることを知っている。しかし、人間は常にシアン化水素を作りだす植物を食べている。キャッサバ［根からとったデンプンはタピオカと呼ばれる］はジャガイモのような根を持つ、世界でおよそ五億人の人々の基本食品である。それはアフリカ、フィリピン、ブラジルで多く食べられている。しかし、ヨーロッパや北アメリカの台所にも入ってきている。その植物の根は、もし土から取り出したばかりのものを食べれば死に至る。それが作物となった理由の一つでもある。有毒のため、この作物を食べて収穫を損なうような動物がほとんどいないからである。人間はキャッサバをあらかじめ水に浸したり醗酵させたり加熱したりすることによって、その中にある危険なシアン化水素化合物を破壊する。しかし、時々、処理をほどこしていないキャッサバを食べて死ぬ人々がいる。私達がまわりの植物や動物を活用しながら生きてこられたのは、細心の注意をはらってきた賜物である。母なる自然は私達を健康に保とうとはしない。私達は、私達自身を世話するために自然の中でできることをするのである。

植物が自家中毒を避けるために用いる他の戦略は、動物は傷つけるが植物には影響がないような毒を作ることである。植物はその中心的成分によって傷つけられる心配が無いような化学物質を作りだすことができる。そうした化学物質は、植物が持っていない動物の神経のような部分に集中して働く。ペラルゴニウム［テンジクアオイの一種］と呼ばれる植物は、その花の花弁にキスカル酸と呼ばれる麻薬がある。花弁を食った甲虫は、始めのうち元気だが、三十分もすると彼らの後脚がうまく動かなくなり、やがてまったく動くことができなくなる。科学者達の実験室でのテストによると、この麻薬の効果は約二十四時間しか続かない。しかし、この植物が育つ森の中で、一匹の甲虫が一日無防備で横たわっていることは、麻痺が治るはるか前にほとんど常に、他の動物から食われることを意味する。

もう一つ有名な毒を持つ植物がシュロソウである。それはシクロパミンと呼ばれる化学物質を作る。シクロパミンは植物をまったく傷つけない。しかし、それはヒツジにきわめて奇妙な効果を及ぼす。それが何かを想像するために、あなたに一秒間さしあげましょう。ヒントはシクロパミンという名前が、ギリシャ神話の目が一つしかない怪物のサイクロプスから来ているということである。

想像できましたか？

シクロパミンは大人のヒツジには影響がない。しかし、もし妊娠したヒツジが十四日目の胎児発育の時に（それ以前でも以後でもなく）シュロソウを食うと、植物の中のシクロパミンが、発育中の胎児に必要な、特定の一組の遺伝子の活動を妨害する。これこそが、この麻薬がすることの全てである。ヒツジの胎児の発育の中の、一つの特定な日の、一つの小さいステップに及ぼすその効果は絶大である。胎児のヒツジの発育の十四日目は、胎児の頭の中の細胞が左と右の眼球に分かれる日である。そのステップは、シクロパミンによって妨害される遺伝子によって制御されている。これが意味することは、もし母ヒツジが妊娠十四日目にシュロソウを食べたならば、四ヶ月半後に彼女は一つ目の子ヒツジを産むであろうということである。子ヒツジは産まれて二、三年で死に、その結果、シュロソウの生えた地域に留められたヒツジの群は繁殖することができないであろう。こうしてその植物は守られる。ヒツジのこの病気はサイクロピアと呼ばれるが、もしあなたがより大げさな言葉を好むなら単眼症である。

あなたの想像は正しかったでしょうか？

シクロパミンのような標的麻薬の仕事は見事だが、それらは植物を食べようとしている草食動物の一部分にしか働かないという欠点を持つ。シクロパミンはヒツジには働くが、例えばバッタには働かないだろう。標的毒を用いる多くの植物がこの問題を迂回する方法は、いろいろな毒の混合物を分泌することによって、ともかくも、そこに入っているどれかの毒が多くの草食動物を傷つけるであろうと希望することである。他の植物はもっと計算された接近法を用いる。彼らはどんな種類の動物が彼らを食うかを見るために待つ。それからこれに反応して適切な毒を分泌する。植物にこれができるということは信じられないかもしれないが、それは本当である。ウマゴヤシの葉の上のケムシが噛むと植物はジャスモン酸を生産する。しかし、その代わりハダニの小さい刺し傷に対してはサリチル酸を作る。植物は静かな活気のない物に見えるかもしれないが、暴食の世界の中で、なんとかやっていくにはどうしたら良いかを知っているのである。

驚くべきことには、植物は草食動物について互いに交信することができる。そして植物は近くで草食動物の攻撃が始まった時に、あらかじめ毒を作り始めることができる。例えば、アメリカ南西部のヤマヨモギが、ある草食動物によってムシャムシャ噛まれると、空中に、ある化学物質を放出する。これらの化学物質が辺りに漂う時、その近くの植物は抗草食動物毒をそれ自身の葉の中に生産することによって反応する。そのために草食動物が、そこに到着した時には用意ができている。植物がそうした信号を何故送らなければならないかは少し不可解である。なぜなら利己的な植物には隣人を助ける理由がないからである。しかしいくらか有力な説がある。第一に、最初に攻撃を受けた植物は草食動物を傷つけるためにそれらの化学物質を分泌するであろう。それから近くの植物がその香りを受け取って、それに反応するであろう。あるいは、おそらく、最初の植物は自分の全ての他の枝に空気を通して信号を速やかに送る方法として、これらの化学物質を放出するのであろう。言いかえれば、おそらくそれは自らのための通信手段であって、他の植物は単にその通信を立ち聞きしているにすぎない。これらは正しい推測である。しかし、最近、研究者達は、植物が彼らの切られた兄弟姉妹の香りに、より縁の遠い種の植物に対するよりも強く反応することを示した。このことは、多くの同じDNA紐を分かち持つ近縁の植物を助けようとする目的で情報を送っていることを確かに示唆している。将来の研究が、それがいかに全て適合するかを語るであろう。しかし、植物が動物から食われることを止めるために、私達の多くが想像する以上に、「胸に一物ある」ことは明らかである。

植物が互いに話すという主題の新方式として、タバコの植物体は私の好きな抗草食動物戦略を持っている。タバコ植物がオオタバコガの毛虫によって食われると、空中に化学物質を放出する。しかし、この場合、タバコ植物は他の植物に大声を出すのではない。助けを求める信号を、ゴードン長官がゴッサム市での嵐の夜にバットシグナルを送る時のように「アメリカ映画バットマンの物語から」送る。その化学物質は空気中を漂い、その反応として、捕食寄生者のアカオバチがタバコ植物を助けるために舞い降りる。彼らはすみやかに毛虫の中に卵を産む。その毛虫はハチの幼虫によって生きたまま内側を食われるという責め苦を運命づけられる。そのハチと植物はこのケムシを集団で襲う、そしてゴッサム市は救われる……次の時まで。

光合成をする動物がいた

それは糖を作る植物と、これらの糖がほしい動物との間で常に行われる、行ったり来たりの戦いである。多くの部分では植物が優勢になる。しかし、草食動物には、植物自身をしのぐものがある。それは約二・五センチの長さの動物で大西洋の暖かい水の中に棲んでいる。これは殻のないカタツムリに似ていて、エメラルドウミウシと呼ばれる。

多くの種類のウミウシがいる中で、彼らは、正直にいって、人がこれまで見たうちで最も息を呑むほど美しく、カラフルなものである。それは光合成をする藻類（単細胞の植物のような糖を作る生物）を食べる。しかし、信じられないやり方をする。エメラルドウミウシが藻類を食べる時、糖を得るために藻類を完全に破壊することはない。その代わり、藻類の中から分子装置を盗む。そしてその装置を自分の透明な皮膚の表面の近くに動かす。藻類は緑色なので、それはウミウシを緑色に変える。そして、仰天することには、この装置は作動しつづけ、ウミウシの体内で太陽光を糖に変える。ウミウシは、なおも時々藻類を食う。それは装置が二、三ヶ月使った後に摩耗するからである。しかし、その結果ウミウシは光合成をする動物となる。——これはジャニ氏がマスターしたと主張する、ほとんど不可能な策略である。

もっと信じがたいことに、エメラルドウミウシが藻類から盗むものは太陽エネルギー装置だけではない。それはまた、藻類のゲノム「ある生物の持つ一組のＤＮＡ」からＤＮＡのひとかたまりをコピーして、それを自分のゲノムにくっつける。そのＤＮＡの連鎖は光合成のために必要な分子装置のあるものを作るのに関与している。ウミウシはなおも装置の大部分を、藻類を食うことによって得なければならないが、その装置の僅かな部分は自分で作る。正直にいって、エメラルドウミウシの摂食戦略はこれまで、動物によって達成された最良の策略の一つである（しかし、〈怒り〉の章まで待ってください。その時あなたは近縁のアオウミウシのやり方を見ることだろう！）。

エメラルドウミウシとその餌となる藻類の関係は、ＤＮＡと生体ロボットの物語に一つの全く新しい複雑な層を加える。突然、ＤＮＡ連鎖は生体ロボットの間を飛び越える。それはＤＮＡの紐が生命のゲームの中の真の働き手であり、この生体ロボットは二つのＤＮＡ分子を持つ装置であることを示すものである[3]。

エメラルドウミウシは太陽光から達するエネルギーを少しだけ得る、唯一の動物ではない。あるアブラムシは通常の条件で成長する時にはオレンジ色であるが、もし戸外が寒いなら緑色に成長する。寒い条件のために起こるその緑色はアブラムシが作りだす光合成装置である。その装置のための青写真は一つのＤＮＡ連鎖からくるもので、植物から盗まれたもののように見える。しかし、エメラルドウミウシも緑色のアブラムシも食べ物なしに生存を全うするために十分なエネルギーを、自分で作ることは出来ない。

植物に操られる動物

植物にとって、動物はしばしば、まさに生命を脅かす迷惑な略奪者である。しかし、常にそうであるとは限らない。最も成功した植物のあるものは、動物を彼らのために働かせる道を見いだしている。私は、すでにブルズホーンアカシアが警備員としてアリを働かせるということを述べた。しかし、それはまさに氷山の一角である。それは植物が動物を奴隷化するための何かよりも、はるかにありふれたもの……そして、それは彼らの性的衝動を満足させるためのものである。

そうです。植物は性行為をする。植物は少年の部分と少女の部分を持っている。そして、彼らはこれらを、赤ん坊を作るために使う。例えば、マツの木はオスのマツの球果（きゅうか）から、彼らの花粉（基本的に精子と同じ）を空中に放出することによって性行為を行う。それは、別の木のメスの球果の割れ目の間にある子房（しぼう）に、たまたま降りることを希望してのことである。私はよい植物学者の友人を持っている。彼は、春に花粉で覆われた車を指しながらうれしがって、一本の木はそれらに覆われることを喜んでいると語った。

花を持つ植物はこれらの花を訪れて蜜の交換をする、ハチのような動物を使って性行為を行う。この過程で、この動物は一つの花から偶然に花粉を取り上げ、それを次の花に落とす。ハチは植物のＤＮＡの影響のもとで、基本的に空飛ぶ陰茎生体ロボットになってきた。

性行為は花が存在する唯一の理由である（それは私が、時々人々が花束に鼻を突っ込むのを見て、ニヤニヤする訳でもある。花は何といっても植物の性器である）。多くの昆虫、とりわけハチは花の花粉媒介をする。いくつかの鳥、最も知られているハチドリもそうする。しかし、多くの人々が知らないのは、あるコウモリも蜜を食べて花の花粉媒介をすることである。これらのコウモリはハチドリのように停空飛翔しながら、彼らの顔を花の中に突っ込むことによって餌を得る。そしてこの過程で花粉だらけになる。実際、世界には鳥か昆虫を使わずコウモリだけを性行為の助けにするわずかな植物がある。

エクアドルの雲霧林にチューブリップトネクターコウモリと呼ばれる特別な種のコウモリがいて、その食物の全てを花から得ている。あまりにその植物に依存しているので、植物のＤＮＡの影響下に置かれた結果このコウモリは世界で最も珍しい動物の一つとなった。

あなたの腕をあなたの前に伸ばしてみてください。そこであなたの舌を出し舌をあなたの指の先になんとかして届かせてください。チューブリップトネクターコウモリは、その舌を三倍も遠くに伸ばすことができる。——その舌は頭からつま先までの長さの一・五倍である。

このコウモリが餌とする植物はケントロポゴン・ニグリカンス［学名：キキョウ科の植物の一種］である。このコウモリは、おそらく最初は庭にあるような花から蜜を取ることを好んでいた。しかし、ひとたびケントロポゴン・ニグリカンスを食物として頼るようになると、このコウモリの体は、この植物の利己的な要求に応ずるように変わり始めた。あるコウモリが顔を花の中により深く突っ込むほど、より多くの花粉を運ぶということが分かった。わずかに深い花を持つ植物は浅い花を持つ植物よりも、コウモリにより深く花の中に頭を突っ込ませる。そして、より深い花の植物に繁殖上の有利性を与えた。時と共に花はますます深くなっていった。同時に長い鼻と舌を持つコウモリだけが維持され、そこでコウモリは花と足並みをそろえるように変わった。進化的な時間をこえてコウモリの鼻はますます長くなり、舌もますます長くなった。今日では、植物がコウモリが訪れる時、できるだけ多くの花粉を渡そうとする結果、チューブリップトネクターコウモリは体の大きさの割合としては哺乳類の中で最長の舌を持っている。

そのコウモリの舌は、植物が進化を通じて動物の体と行動をねじ曲げる、偉大な実例である。そこには植物自身の利己的な必要性以外の理由はない。植物は動物が必要とする糖を作ることができるので、植物は彼らが望むことは何でも動物にさせる力を持っている。つまり動物は彼らの胃袋の奴隷である。彼らは食わなければならない。暴食が生き延びるための唯一の道である。

防御のためと性行為をするため以外に、植物が動物に命令を下してやらせる仕事がもう一つある——植物が動き回ることを助けるという事である。そしてこれは、人間が他の生物をうまく操作できるポイントでもある。

植物の問題は歩けないということである。そこで植物がもし地面に種子を落とすことで繁殖しようとするなら、彼らは種子を自分の隣で育てることになるだろう。しかし、それは水、光、栄養のようなものを自分の子孫と直接に競争することになるから、植物にとってはよくないことである。

そこで、多くの植物は、その種子を直接地面に落とすかわりに、美味しい汁の多い糖で満たした球体を作り、その真ん中に彼らの種子を隠す。動物はその食物を食べるためにやってきて、その種子もまた遠くに運ぶ結果となる。これが果実のある理由である。自然が人間を幸福にするためにアボカド、リンゴ、オレンジ、バナナを作るように見えるけれども、これらの植物は彼らの種子をまき散らすことを望んでいるにすぎない。人間のような果実を食べる動物は、それをやってくれる便利な道具なのである。

ある場合、ある動物は果実を遠くに運び、どこかで食べ、その過程で種子を落とす。他の場合、動物は果実とともに種子を食い、のちに親樹から遠いどこかにそれを糞として出す。実際、多くの種子は動物の消化管を通った方が、そうでなかった場合よりもよく発芽する。

植物によって種子を伝搬させるために使われる動物は何千種もいる。彼らの多くは、あなたが予想するような、オオハシ、オウム、サル、そしてオオコウモリである。また、果実を食べる二〇〇種以上の魚もいる。そんな事は不可能のように思われる。アマゾンの熱帯雨林では毎年洪水になり、水位が約二〇メートル以上にも昇ることを考えると、魚が枝まで泳いで登り果実を食べることを思い描くのはそう難しいことではない。ある魚は種子を糞として出すまで約四・八キロ以上も運ぶ。植物にとって、それは飛ぶ動物がやる仕事と同じ位都合がいいことである[4]。

動物が植物のために働くようにするには、果実はできるかぎり魅力的である必要がある。これが、果実が忌々しいほど美味しい理由である。もちろんシアン化水素はない。一つ目の変異した子ヒツジもない。麻痺もない。まさに素敵な甘い果物である。パパイア、スイカ、マンゴー、サクランボ……とリストは続く。ある場合には人間が果実を自然からとる（例えば、マンゴー）。しかし、他の場合には、私達は果実を自然が作った以上に美味しくなるように選抜育種を行う。

これは、リンゴ、オレンジ、そして多くの他の果物で行われていることである。例えば、野生のバナナはその中に沢山の大きい石のような種子を持っている。人間は何千年もかかって、ある種のバナナを栽培し、種子をなんの働きもない黒いシミにまで減らしてきた。それはバナナの種子をうけ渡す果実としての能力を取り除いた。しかし、人間が果実を食べるためにバナナの木を世界中で育てているので、その果実はバナナの木が生存し繁殖するように、なおも仕事をしていると言ってもよいであろう。

植物は彼ら自身の食物を作る。しかし暴食は、なおも彼らの進化における重要な要因である。なぜならば、それは彼らのまわりの動物生体ロボットに彼らの影響を及ぼすことを許すからである。しかし、自然界での暴食の重要性は大食漢が大食漢を食う時にもっと顕著になる。

自然界の最もカリスマ的な動物は捕食者である。クールな入れ墨に捕食者が使われているので、人々はそれらを言うことができる。ホッキョクグマ、ベンガルトラ、ホホジロザメ、タランチュラ、メンフクロウ、イリエワニ、ガラガラヘビ、シャチ、オオカミ、ダイオウイカ、カマキリ……文字通り数千種の捕食者がいてあらゆる生息地に棲み、毎日、他の動物を暴食の名のもとに殺している。

エネルギーの観点からすると、肉を食うことは植物を食うのとあまり異なるものではない。ある生き物の分子装置が壊されて、他の生き物の分子装置の中に取り込まれる。しかし人間として私達が見ると、肉食動物と草食動物の間には重要な違いがある。私達が知る限り、植物は痛みも恐れも経験しない。しかし、ある動物が他の動物を殺して食べる時、その生活スタイルは他の生き物の上に苦痛を及ぼす。

その区別は私達にとって多くの意味がある。私達は動物に感情移入する。食肉加工会社は社員が解体する動物によって経験するストレスを減らすために何百万（ドル）も費やす。そして多くの人々は、動物が苦痛を受けるのを制限するために肉をまったく食べないことを選ぶ。しかし、自然からの圧倒的な証拠によれば、他の動物は、そのようなことについてあまり頓着しない（少なくとも彼らには、そういうことは起こらない）。それを知ることは不可能である。しかし、一匹のクモがハエを食う時に、一匹のヒツジが草を噛む場合以上のことを考えるとは思われない。

肉食動物はどれくらい殺すのか

肉食動物は肉を食わなければならない。そこで彼らは常に動物を殺す。しかし草食動物が時々肉を食うという事実については、何か奇妙にぞっとする。例えば、オランウータンは果実を食っている。しかし、一九八〇年代に人々はオランウータンが、小さい（そして痛ましくもかわいらしい）スローロリスと呼ばれるサルを食うことに気がつき始めた。よく記述されたケースでは、オランウータンはスローロリスを激しく叩き、それを取りあげるために這い降りた。それからその頭蓋骨を咬み、脳と眼球を吸い出した。それから手の平、生殖器を食い、そして内蔵と皮膚を食った。ある理由から私にとってそれはぞっとするものであった。ワシが同じ事をしても、私は仰天などしない。しかし、オランウータンがそのダークサイドを見せると、私はまったく怖じ気づく。しかし、その事実が示しているのは肉が偉大な食物源だということである。オランウータンを他と違う基準に置くべき理由はないだろう。オランウータンが通常は草食動物であるからと言って、彼らが動物を傷つけないライフスタイルを選んだことを意味しないからである。

肉を食うことは植物を食うよりも多くの有利性を持つ。その一つは、筋肉組織がエネルギーを詰め込んでいるということである。そこで、ある動物は葉を食べるよりは雄ジカを食べることにより大きい興奮を覚える。また、植物を食べる動物は彼らが必要とする全ての栄養を得るために（そして、一つの植物が生み出す毒を過剰に取る事を避けるために）、しばしば多くの様々な種類の植物を食べる必要がある。一匹の肉食者は、一匹の動物だけで必要な全ての栄養を得ることができる。ピューマは栄養バランスを考えて、ある時にシカを食べ、次にはウサギを食べるという必要はない。必要なのは、一定の量の肉を食べるということだけである。これは、どんな動物でもそれが沢山いる時に獲物とすればよいことを許す。そしてそれは予想できない世界においては融通性をもたせる。

もし私達が肉食者における暴食について話そうとするならば、クズリ［イタチ科の動物］から始めるのがよいであろう。その学名は「グロ」で、ラテン語では「大食漢」を意味する。クズリは驚くべきものである。その重さは約九キロから一八キロであるが、約三六〇キロのヘラジカをその背中に飛び乗り首の腱を切断することによって倒す。クズリは半分引っ込めることができるかぎ爪を持つ忍者のミニ熊のようだと考えることができる（それはそう違うものではない）。一例として、一匹のクズリが一〇匹のトナカイを一日に殺したという記録がある（クズリは食物を食わないで貯めることがある。そして彼らはそれを食べに戻ってくる。しかし、殺し過ぎていることは確かだ）。

クズリは、あまりに大食漢なので、すでに死んでいる動物の死骸を見つけてそれらを食う方が多い。実際、クズリはオオカミやオオヤマネコのような肉食者の跡をつけて、これらの肉食者が殺傷するまで待ち、死骸を盗む。

殺傷と腐肉あさりを組み合わせて、クズリは極めてうまくやっている。クズリの胃の中には驚くべき数のさまざまな動物種が見いだされてきた。ヘラジカ、アメリカアカシカ、トナカイ、シカ、キツネ、オオヤマネコ、ノウサギ、モルモット、ジリス、ヤマアラシ、ビーバー、ハタネズミ、タビネズミ、トガリネズミ、カササギ、タカ、ライチョウ、魚……アザラシ、セイウチ、そしてクジラさえも。それは、肉を食べることによって得る融通性である。クズリは彼らの爪で得たものは、死んでいても、生きていても、何でも食うことができる。しかしグロの輝かしき暴食の全てを、はるかに越える最も暴食的な肉食者がいる。

その称号は一つの動物に与えられる。それは、一見あまり危険には見えないトガリネズミである。

トガリネズミは昆虫、虫、そしてもっと大きい死んだ動物の死骸を食って生きている。彼らは小さいが、彼らを過小評価すべきでない。彼らは間違いなく最大の大食漢である。確かに、体重約一七〇〇キロのゾウは約二・八グラムのトガリネズミよりもはるかに多くの食物を食う。しかし、体の大きさを勘定に入れると、この比較はひっくり返る。そのゾウが一日におよそ約一〇〇キロを食べることは、その体重の約六パーセントに相当する。これをトガリネズミが一日に体重の最大三八〇パーセントを消費するという記録と比べてごらんなさい。競争にならない。

トガリネズミとゾウは、一般的な傾向の一つである。異なる大きさの哺乳類を眺めると、より小さいものほど、体重あたりにより多くのエネルギーを使う。トガリネズミは最小の哺乳類なので彼らは最も大食漢である。ついでながら、もし、一匹のゾウと等しい重さのトガリネズミを集めたら、五〇万匹の個体は合計してゾウが食う食物の六四倍も食うことになる。体重当たりで比べた場合トガリネズミほどの大食漢はいない。

しかし、肉食動物で大食を計るもう一つの方法がある。そしてそれは、どんな動物が生存のために、最も多くの他の動物を殺すかということである。クズリのようなものは一週間に一回殺す。そして、トガリネズミは一日に二、三匹のミミズでなんとかやっていく。誰が暴食の名のもとに最も殺すだろうか？　それを知るために私達は体の大きさの順番で最後にいる、世界で最大の動物を見に行こう。

シロナガスクジラは今の地球上で最大の動物ではない。彼らは地球上でこれまで生きた最大の動物である。彼らは恐竜よりも大きい。一頭は約一五万七五〇〇キロ以上の重さである。しかし、彼らは重さ二八グラム以下のオキアミと呼ばれるエビのような動物を食う。この大きさの不釣り合いの結果として、シロナガスクジラは生存のために多くの餌を殺さなければならない。しかしクジラにとって幸いなことに、オキアミはいつも個体が密な雲状になって泳ぎ回っている。そのため、適切な場所で泳ぎ、口を開けることで簡単に十分なオキアミを得ることができる。あまり多くの海水を飲むことなくオキアミを得るために、クジラは茹でたスパゲッティーを湯きりするような時のような方法をとる。クジラはオキアミの雲の中へと泳ぐ。その雲のまわりで口を閉める。それからその閉めた口の周り（多くの哺乳類ではそこに歯がある）にある髪のような鯨ヒゲを通して舌で水を押し出す。漉し器のような鯨ヒゲを通して、水は口から追い出されて、クジラはオキアミを飲み込む。それから次の一口の準備をする。

平均して、この戦略はシロナガスクジラに一日当たりおよそ約一一三〇キロのオキアミを消費させる。それは、その体重の一パーセントよりも少ない（一般的傾向として、より大きい動物は小さい動物よりも単位体重あたりにより少ない食物を消費することと一致する）。しかしそれは一日に五〇万匹以上の生き物が一匹の動物によって殺されることを意味する。特に、シロナガスクジラは一般的におとなしい巨人として描かれているが、オキアミからしたらこれは大量の殺傷である。しかし、私が思うには、多くの人々はオランウータンがスローロリスを殺すことについて彼らが心配するよりは、オキアミが蒙る被害はあまり気にかけない。それが、これらの種類の比較を扱いにくくしている。どれだけ多くのオキアミが一匹のスローロリスの価値を持っているのか？　知性のある動物が愚かなものより、より価値があるのか。あるいは、それは彼らが私達にかわいらしくみえるかどうかにかかっているのだろうか？　その体の大きさか？　それとも、何か他のことがあるのだろうか？

私は肉を食うべきか？

私は、これらのことを誇張した質問だというのではない。実際、この種類の質問は、大学卒業後、私を数年間、菜食主義者にした。私は肉を避けた。それは私が例えば、コウモリやイルカのような、ある種の動物は決して傷つけられるべきではないが、簡単に手に入れたウシやサケを食べるのは偽善であると感じたからであった。私にとって、ある種を殺すという考えが他の種を殺すという考えよりも悪いと感じはするけれども、それは私にとって、動物を、食べられるものと触れてはならないものの二つに分ける十分な理由のようには思われなかった。私は、スローロリスからオキアミまで、あらゆる種の動物が、自分を殺そうとするものから逃げ出すのを知っていた。私にとって、そのことは全ての動物が痛み、苦痛、恐怖についてのある知識を持っているということを意味した。ある動物にはこれらの経験を負わせるが、他の動物にはそうしないということは、私にとって首尾一貫するものには思われなかった。私にとって、肉を全部やめることは、より偽善的でなく生きる道のように思われたのであった。

他の動物に危害を負わせることなく肉を食べる道はある。しかし、それは私が興味を持てる回答では全くなかった。——それは自然に死んだものを食べるということであった。人間にとって、二日後に腐って、膨れ上がった死骸を飲み下すよりも嫌なことはない。しかし、そのようにしている生き物は沢山いる。彼らは、それ以上何もなくとも楽しむ。そして、このような大食家は生物世界できわめて重要な役割を果たす。

ある人が森の中で歩いていて、心臓発作で突然死したあと二、三日の間、誰にも見つけられなかったとする。その人の体が停止した瞬間に、その中のカロリーはもはや守られなくなる。そこで、死後四分間以内に生物がその人を分解する。腸の中に棲んでいて人間の食物の消化を助けていた細菌の全群が、ただちに免疫システムによってもはや守られなくなった消化管の壁を見つける。彼らは、すぐに人間自身に働き、猛烈な速度で食べたり繁殖したりする。消化管の壁は破壊され細菌は体の他の部分に漏れ出す。そして他の内部器官を餌食とし始める。その過程でこれらの細菌はメタンと硫黄に富むガスを放出し、特徴的な死んだ哺乳類の臭いを発生させる。それは人間にとっては、あまりにも嫌な臭いで吐き気をもよおすが、同じ臭いはキツネ、カラス、ハエ、甲虫のような他の動物にとっては、おいしい小さい食事を意味する。人間が骨になるまで、どれくらい時間がかかるかはさまざまな要因によるが、多くは特に温度による。およその推定では摂氏二〇℃では六十五日である。[5] けれども、もし体が水の中にあれば、また、もし大きい腐肉食動物が体をばらばらにすれば、あるいはその人が大きい傷を負って血を流し、微生物がその体に容易にとりつくことができれば、もっと短い時間となる。

　他の場所の他の動物はもっと速く分解する。世界で私が好きなコウモリの洞窟の一つは、テキサス州サンアントニオの近くのブラッケン洞窟である。それは特別に暑い洞窟で、その中に数百万匹のコウモリがいる。その洞窟の床には甲虫が栄えていて、いつもコウモリの糞を食べている。しかしコウモリの赤ん坊が飛べるようになる前に洞窟の床に落ちると、この小さい赤ん坊の体は十分間以内に骨になってしまう。その洞窟を歩くとバットグアノ（コウモリの糞）が洞窟の床を覆っているのを見ることができる。しかし、もしそれを注意深く見下ろすならば、いたる所に白い松葉のようなものを見るであろう。しかしブラッケン洞窟の外には松の木はない。これらは腐肉食動物によって破壊されたコウモリの翼の骨である。ブラッケン洞窟は分解者が働くのを見るための最良の場所の一つである。
　自然ではこれらの分解者はエネルギー売買人の鎖の最後にいる。もし時間をさかのぼって、洞窟の甲虫のエネルギーの一カロリーを辿るならば、複雑な、しかし壊れない鎖を得るであろう。甲虫はコウモリの赤ん坊からエネルギーを盗む、彼女のエネルギーは母親の乳から得る、母親は彼女のエネルギーを、蛾を食うことによって得る、その蛾は幼虫時代にケムシとしてトウモロコシの植物を食うことによってエネルギーを得る、トウモロコシはそのエネルギーを太陽から得る。もし映画を逆回しするように、この連鎖を続けるならば、地球と太陽の間の光の線の八分十八秒の旅までもどることになるであろう。それは私が好んで見る映画である。

　実際、いかなる動物のいかなるエネルギーでも同じように辿ることができる。そしてその映画は常に同じ始まりを通る。そこでは寄生者、捕食者、そして餌動物を通じて生物の間のエネルギーの跳ね返りを見つめることができる。しかしそれは常に究極的に太陽から来たものである。もし、これらの全ての映画を同じ時に一緒に逆回ししたならば、それらは全て幅広い一条の光に収斂（しゅうれん）することであろう。そして、もし、その映画を突然止めて正しい方向に上映し始めるならば、今まわりに存在する生き物の世界を通るエネルギーの流れを見ることであろう。毎日、光線は私達の惑星に降り注いでいる。それらのうちの、わずかが植物によって利用され、食物網の中に入る。そこから、それらはどこへでも行くことであろう。それは、全て全体として予測可能である。なぜなら、私達はどの方向にエネルギーが流れるかということは知っているからである。しかし、ある特定の太陽光のエネルギーが、どこで終わるかは人の想像次第である。

私の菜食主義は三年ほど続いた。しかし、私がベリーズへのヒフバエの旅に出掛けた頃から、再び肉を食べ始めた。それはヒフバエに直接関係してはいなかったが、ヒフバエはそのきっかけとなった。私の生物世界との関係は、それについて私がさらに学ぶにつれて変わっていった。そして私は、なおも動物に苦痛を与えているという事実が分かり始めた。何といっても私はヒフバエを殺した。しかし、それは、はるかにそれ以上のものであった。夏に私が車を運転する時には、いつも昆虫がフロントガラスにバチャバチャぶつかって死ぬ。私が農場で育てられた農産物を食べる時はいつも、そこに動物が一度は棲んで今は農場となっている、生息地を破壊した利益を刈り取っている。私が学ぶ科学でさえ、実験で傷つけられ殺された動物のおかげで生まれたもので、それを私は科学雑誌で読むのである。確かに、私は彼らを直接には食べなかったけれど、私のライフスタイルは動物に痛みと苦痛を負わせるものであった。もし私が、菜食主義者が思っているように生き続けていくならば、私は遠くまで行かなければならなかったろう。私は何を食べるかということ以外にも、自分のこれまで変えようとしなかったライフスタイルを全面的に変えることにした。

私は菜食主義が、以前に思ったほどには私を偽善的でなくしているわけではないことを知った。そこで、私はそれを捨てた。私は、前ほどではないが肉を食べ始め、私がかつてそうであったよりは肉食について違和感を覚えなくなった。この経験は無駄ではなかった。それは私にとって学習の一部であった。

私がベリーズとコスタリカの熱帯雨林の中でコウモリを追いかけ、自然を学ぶのに、ますます時間を費やすようになるにつれて、私は彼らの世界への繋がりの一つとして、自分が食べる食物について考え始めた。コウモリのように、私は他の生き物からカロリーを取ることにした。私は、カエルの命を縮めるからといってカエルを食うコウモリを怒らない。それなのに私自身のカロリーの必要性を忌むことは奇妙である。同情から動物を食べないという考え方は人間のものである。それは悪い考え方ではちっともない。しかし、人間以外の自然界に存在する考えではないことを知るのが大切である。

ユーチューブのインタビューと新聞記事から生まれたプラッド・ジャニの一般的イメージの一部には、彼が自然とあまりに深く結びついているので、彼は食べる必要がないのだというものがあった。それは皮肉である。食べることは、恐らく私達が自然に参加する最も具体的な方法だからだ。

もし、二、三千年前に生きていたら、シェルビーと私は、私達のまわりの環境の中で、私達とサムを食べさせるために食物を見つける必要があったろう。今は、それは、勤めから家に帰る道で鶏の胸肉を買うくらいに簡単だ。しかし私達は、なおも太陽から分解者へのエネルギーの流れの一部である。けれども風景は変わりつつある。多くの人々が工場式農場と遺伝子組み換え食品について怯えている。しかし私はサムの未来の栄養について、なおも楽観的である。過去数千年に、人間はリュウゼツランからスイカまで二〇〇種類以上のさまざまな食物作物を、より栄養があり、より病気に強く、高い密度でより良く育つように栽培化してきた。それは農場で典型的に見られるであろう。

家畜化された警備員のアリのおかげで、より良い生活をするアカシア植物のように、私達は自然の一部を操作することによって繁栄してきた。人間は何世紀もアカシア植物と同じ法則によって振る舞ってきた。そしてそれが、私達が現在のように成功してきた唯一の理由である。最近まで、このような変化は選抜育種を通じてやってきた。そして今、その過程は遺伝的操作によって起こっている。それは私を怯えさせない。もしサムが百年早く生まれていたなら、彼の平均余命は四十七年であったろう。しかし彼は二〇一一年に生まれたので、彼の平均余命は八十年に近い。そしてもし、彼がそれを百年にしたとしても私は驚かない。サムが栄養価の高い食物を食べることによって、彼はおそらく彼の先祖がこれまで生きたよりも長く生きることが期待される（それには、私が〈怠惰〉の章で話した寄生者からの防御が加わる）。

けれども、私たちが栽培化された作物と家畜を必要とするもう一つの理由がある。二〇五〇年までに、サムは九〇億人の他の人々と地球を分かち合わなければならない。食物の生産と分配の技術の前進がなければ、それは不可能であろう。もし、彼らの全てが食べられる繁みを探すために森に行くことを期待するならば、九〇億人の人々に食べさせることは不可能である。ジャニ氏のように私達は皆食べなければならない。作物を開発することは、サムあるいは私達九〇億人の誰のためにも必要な唯一の道なのである。

（1）「一人の健康な人が水を飲むのを止めたなら、どれくらい長く生きられるか？」という質問に答えを見つけるのは驚くほど難しい。人々が水を失う速度は、温度、湿度、彼らがする運動の量、そして彼らの全体的健康に依存する。ある学者は悪性の病気にかかった年配の人は水なしだと一から五日以内に死ぬことを示した。若くて健康な人はそれよりも長く生きることができるが、一週間よりもはるかに長いことはないようである。

（2）私は光合成がわれわれの生命世界にエネルギーを取り込む、唯一の道ではないことを書き留めるべきである。ある細菌はメタンや硫化水素の分解によってエネルギーを利用することができる。しかし、彼らは例えば大洋の底の熱水噴出口のような極端な環境で生き、彼らが世界に持ち込むエネルギーの量は太陽から来るものと比べて極めて小さい。そこで、簡単にするために私は光合成から生態系にくるエネルギーだけに焦点をあてたい。

（3）DNAがある種から他の種へ行くことは技術的に「遺伝子の水平伝搬」と呼ばれ、それに対して、ある動物がそのDNAを子孫にうけ渡す時には「遺伝子の垂直伝搬」と呼ばれる。

（4）その魚は学名がコロッソマ・マクロポマム［大型淡水魚の一種］と呼ばれ、ピラニアに近縁のように見える。しかしカミソリのように鋭い歯のかわりに果物を食べるために丸みを帯びた歯を持っている。

（5）バス氏は体が骨化するのにかかる日数を決めるために、きちんとした方程式を出した。一二八五を摂氏温度で割ると良い。二〇℃では六十四・二五日となる。

第5章　強くなければ、盗み取れ〈嫉妬〉

無力な科学者

二日間の労苦の後も、サムはまだ産まれなかった。シェルビーは誰にもできないほど激しく労力を使っていた。しかし、何かが物理的に彼を後ろで引っぱっているかのようであった。シェルビーがいきんだ時に、サムは彼の頭のてっぺんが見える所まで降りてきた。しかし、すぐにバンジージャンプのように戻った。二時間いきんだ後サムは、まだ出てこなかった。そこで、かかりつけの医師と助産師は私達に帝王切開について考えるようにすすめた（助産師は医師ではないが出産の前、最中、後に助けてくれる人で、家族のためにその経験を最大限発揮する。私にとっては、助産師がいつも「これは正常ですよ」と言ってくれたことが最大の安心であった）。

帝王切開をするという選択は、シェルビーにとって胸も張り裂けるようなことであった。それは彼女がいつも、伝統的なやり方で赤ん坊を産みたいと夢見ていたからである。しかし、シェルビーのママとしての本能はサムが産まれる前にその夢を蹴飛ばした。ひとたびサムに助けが必要であることがわかると、彼女は手術をするという選択にためらうことはなかった。

手術が行われる部屋の中では、シェルビーの首を横切るカーテンがつけられた。そのため、彼女は自分の腹部が切り開かれるのを見ることは出来なかった。手術が始まると、私はシェルビーの「頭」の側に麻酔医と助産師とともに座った。一方、他の医師達は私の視野の外側で仕事に取りかかった（部屋の天井のあたりに絵の入った額縁が掛けられていた。それには、衛生のためか薄い透明な板がかぶさっていた。皮肉なことに、そのプラスティックの表面が、この額縁を巨大な鏡に変えていた。それによってシェルビーと私達は、彼女が望むように、手術の全貌を見ることができた）。

全ては数分の出来事であった。そして、ひとたびサムが出てくると、医療チームは彼を毛布を敷いた台の上に置き、彼に会うために来るように招いた。私は立ち上がって、生涯で最も大切な瞬間の一つに緊張しながら歩いて行った。

初め、私は彼の各部分は見なかった。彼の脚は曲がって痩せていた。彼の頭は円錐形で、曲がり、シェルビーの骨盤の中に長時間くぎづけになっていたことから、圧縮されていた。私は彼の顎を見て、すぐに彼の上に私の大叔母のクレアの口を見た。クレア・リスキンは私の父の父の姉妹である。サムのDNAのおよそ一六分の一は彼女のものと同じである。彼が私のものであることは明らかだった。だが、彼は、なおも見慣れないものであった。私は、この赤ん坊が自分の息子であることが理解できなかった。全てのもののごとが不意打ちだった。それは水の中に落ちた時、泡の中で方向を見つけようとして上に向かって泳ぎ出すのに似ていた。

サムはもぞもぞと動き、顔はくしゃくしゃだった。私は彼が抱かれて、まわりの医師達によって刺激されるのが、おそらく居心地が悪いのだと思い私の手を彼の胸の上に置いた。ある友人が一度私に言ったことだが、赤ん坊は父親の声をまだ子宮の中にいるうちから知ることができ、産まれたあとすぐにその声を識別できるという。そこで、私は彼に話しかけてみた。

私は最も暖かく穏やかな声で「大丈夫だよ、ちびっ子さん」と言った。

サムは直ちに硬くなって眼を開き、そして聞きいった。それが私達の最初の触れ合いであった。それは素晴らしかった……しかし一瞬、ほんの一瞬だけだった。

医師の一人が静かに私に手を離すように頼んだ。そして私がそうすると、部屋中に群れていた医師と看護師のチームが、落ち着かないことに気づいた。私はシェルビーを見返して、手術台の上の彼女の開かれた腹部と、彼女の隣にある金属製のボールの中に置かれた胎盤を見た。それからサムを見返すと、彼は紫色であった！　私は気がつかなかったが、サムはまだ呼吸をしていなかったのだ。

医師達は彼のために働きつづけていた。粘液を取るため一本の管を彼の喉に差し込んだのだが、吸引装置がうまく動かなかった。そして医師の一人がインターホンで交換用の管を要求したが、それも同じように動かなかった。かかりつけの医師は、冷静にサムの口と鼻をマスクで覆い、手に持つ半球のついたポンプで空気を送り込んだ。ポンプを連続して動かすごとに彼の皮膚は一瞬青みが薄れた。しかしそれから、この医師は彼に自分で呼吸させようとして離れた。すると彼は再びゆっくりと紫色になっていった。誰もパニックにはなっていなかった――インターホンシステムともがいていた医師も――しかし、誰もがとても、とても真剣であった。私は彼らの印象から、これが全て正常なのか、あるいは私が怖れるべきなのか

（助産師は私の視野に入らなかった）、判断することができなかった。そこで、私はそこに立って、見守った。私は、まったく無力だった。私は実際に私の息子が死のうとしているかどうかも分からなかった。数秒前、私は喜びに満ちていた。そして、今は突然に父親であることがまったく恐ろしかった。

サムが最初の呼吸をするまでの数分間はこんな様子だった。彼が呼吸をすると彼のまわりの全ての医師から吐息がもれ、彼らもまた怯えていたことがわかった。私はというと、ようやく立ち直ることができた。サムの最初の呼吸は彼が産まれてから六分後にやってきた。私は何を感じていたかわからない。私は水に落ちた時上方に泳ごうとして、どっちが上なのかまだわからないように、なおもまごついていた。

このように、ひとたび赤ん坊が最初の呼吸を吐くならば、通常その呼吸は続けられる。そこでサムの肺が活動を開始すると、かかりつけの医師は微笑んで彼を私の腕に渡し、彼をママに会わせるように話した。私は彼を再び私の胸に引っ張り上げ、彼の頭を二本の指で支えてシェルビーのもとに運んだ。一分前には私はサムが生きているかどうかわからなかった。そして今は誰もが全てが正常だったように振る舞っていた。私は腰を下ろした。サムのくしゃくしゃの顔とシェルビーを見て微笑み、それから抑え切れずにすすり泣いた。かつてこれほど泣いたことは覚えていなかった。

かかりつけの医師が後で私達に言うには、サムの最初の呼吸が遅れたことは、まったく正常であった。赤ん坊が帝王切開で産まれた時には、しばしばそうなる。そして研究によれば、その種の試練から、なんらかの長期的な障害があらわれることはない。なぜなら、この医師は彼の肺にポンプで空気を送りつづけていたし、その間中、十分な酸素を得ていたからである。医師はまた私達に、サムがシェルビーの子宮から離された時に、へその緒が彼の首に二回巻きついていたのを見たと語った。それは、彼を窒息させることはない。しかし、サムの出産があまり進まなかった原因の説明にはなるだろうと医師は推測した。私はサムが医学的関与なしに生き延びたかどうかを知る術はない。しかし、この全経験は私がこれまでの生涯でしてきた経験と同じ位、強いものであった。最初の呼吸の前、自分がこの子を生き返らせる術を持っていない無力感に襲われたとはいえ、彼が生きてくれたことが圧倒的に嬉しかった。それはわくわくするものだ。しかしその賭けは想像できないほどに高くつくものに思われた。父親であるということは私の感情を最大限に高ぶらせるものであった。

しかし、思い返すと私はその日に私が経験した振る舞いは、教科書通りの動物行動のようなものであったと思わざるを得ない。ここに父生体ロボットがいて、彼のDNAの命令にしたがって彼の子が危険な状態にあることを見た反応として、ストレスホルモンを予想された全生理学的効果とともに放出する。

そして、私はこの日のような自分自身を今も見ている。サムが何か新しいことをする時に、あるいは彼が私を見て笑みを浮かべる時でさえ、それは魔法のように感ずるけれども、それはまさに生物学なのだ。最初の六分間に何を感じたにせよ、彼が産まれた日に私が感じた感情は一羽の鳥が彼女の巣を作ることを導くホルモンよりも、もっと特別なものではなかった。

嫉妬に苦しむ親たち

嫉妬は、初めての赤ん坊を持つことの大きな部分を占める。なぜなら、人は常に他の新米の両親と記録を比較するからである。シェルビーの場合、彼女が帝王切開をしなかった他の母親達について話す時に、それが最も著しかった。サムが産まれた後、最初の二、三ヶ月には私達は、そのことについてしばしば話し合った。かかりつけの医師がへその緒について話したことは問題ではなかった。もしシェルビーがもっと頑丈か我慢強かったなら、帝王切開は避けられたであろうという考えは私達が話し合った母親達の多くから出てきた。彼女は、その話に直感的に動揺するようには見えなかったが、シェルビーの本能は彼女が何か悪いことをしたのではないかと彼女に言い続けた。それから二年間たって彼女は前ほど神経質ではなくなっているが、しかし、それはなおも彼女を悩ましていることを私は知っている。

今では私達が他の家族と比較する点は、出産よりも子どもの発育により集中している。そして私達は、他の両親達もまた同じ比較をしていることを知っている。サムは昨夜また四回、目を覚ました。しかし友人の子どものジュリアは二ヶ月ですでに一晩中眠っている。サムは三まで数えることを学んだ。しかしオリビアは一〇から逆に数えることができる。シェルビーと私は、発育の速さが子どもによって違うということは知っている（そして私達は幾つかの本と科学論文で発育について読んだ――私達はともかく科学者であるから）。しかし他人の子どもについて何か聞いた時に、ある感情的な反応をしないというのは、まったく難しい。サムの発育が進んでいる時私達は自己満足するし、遅れている時には彼の発育が他の点では進んでいるからなのだと推測する。しかし、まず私達がこれらの比較をすることが私は恥ずかしい。

確かに、それは愚かなことである。シェルビーと私は、かわいそうなことに子どもがガンの人々を知っている。流産した友人もいる。私達は自分達が恵まれている点を数えて進むことができる。サムは健康で幸福な子どもであり、彼はいい調子だ。しかし、一人の子どもを育てるという経験によって、まわりの全ての子どもがどうやっているかを注意深く聞くようになる。

進化的な観点から、他の人々の親としての経験に注意を払うことは、自分の子どもがいかにうまくやっていくかを見るよい方法である。私達が〈貪欲〉の章で論議したように、ともかく、自分の子どもは他の子ども達と競い合わなければならない。そこで、ある時、自分の子どもをこれらの子ども達と比べる必要が出てくる。しかし、サムが十八ヶ月で幾つの言葉を知っているか、ジョーンの子どもと比べて心配することはエネルギーの無駄である。私は嫉妬を経験することをまったく好まない。嫉妬は「誰かの成功について否定的に感ずる」と記述されてきた。そして私はそれを、自分の子育てに取り入れたいとは思わない。

嫉妬は世界中、至る所の人間が経験している。そしてそれは蛮行から殺人まで、全ての種類の犯罪の動機となりうる。しかし窃盗より嫉妬の徴候ほど良くないものはない。人間達が他の人が持っている何かを欲しいと強く思う経験をした時、彼らはしばしば、その欲しい物を奪取する。

一方、動物の嫉妬は内省的なものではないのは明らかだが、動物の間での盗みは至る所にある。動物が互いに盗むことは不可能のように思われる。なぜなら、動物は金も財産法も持たないからである。しかしガゼルに忍び寄り、追跡し、捕まえ、殺すという、全ての仕事をした一匹のチーターから、その死骸がハイエナによって持ち去られる。チーターはその死骸の中に時間とエネルギーを投資したので、それが持ち去られる時、生物学者がそれを「盗み」と呼ぶことは公平であろう(1)。

小さいものは大きなものから盗む

ある動物は、他のものより盗みによって攻撃されやすい。ヘビやカエルのように彼らの食物をすぐに飲み込む動物は、彼らが食う前に他の動物からそのカロリーを横取りされるという問題をあまり持たない。しかし、多くの動物は彼らの食物を捕らえたあと摂取するのに時間を要する。チーターはこの代表的な例であり、アリもそうである。

ムネボソアリは二、三百匹の群れで生きている。そして、これらの群れが機能を発揮するために彼らは食物運搬システムを必要とする。食物は働きアリによって飲み込まれる。そして巣に戻り、その食物を吐き戻して発育しつつある幼虫に餌として与える。幼虫のあるものは成長して働きアリそれ自身となるが、他のものは成長して兵隊アリとなり巣を防衛する。その群れ全体の中心は一匹の女王である――それは繁殖することができる唯一のものであって、その群れの中に産まれる全ての新しいアリの母親である。女王は群れの中のいかなるアリにとっても、そのＤＮＡを未来の世代にうけ渡す上での唯一の望みである。そこで、その群れの中の全ての生体ロボットは究極的に女王の生存のために働く。一つのムネボソアリの群れは大きく複雑なので、その群れが食物を行き渡らせるのには時間がかかる。その結果、群れ全体にわたって泥棒が働くことが可能になる。

そのような泥棒の一つがフタフシアリ（その学名エピミルマの意味は「上のアリ」である）と呼ばれる別種のアリの女王である。彼女はムネボソアリの巣に、こそ泥のように静かに忍び込む。最初のムネボソアリ防衛隊が彼女を攻撃する時、彼女はジェイソン・ボーン［小説『最後の暗殺者』の主人公］のように裏をかく。まず彼らを刺して毒液を注入し気絶させる。彼女は彼らを殺さない。それは彼らが後に彼女の役に立つからである。次に、彼女はムネボソアリの分泌物を自身の体全体にこすりつける。それは彼女の外来者としての匂いの痕跡を隠すためである。それが行われると彼女は群れの中を、他のアリに発見されることなく動くことができる。彼女がムネボソアリと似た匂いがするので、群れのメンバーは彼女を侵入者として識別することができない。今や隠れ蓑を着た侵入メスはムネボソアリの女王の部屋に至る道を見つけ、無防備な女族長に近づき彼女が死ぬまで大顎で絞めつける。

老いた女王が死ぬと、フタフシアリの女王がムネボソアリの群れの新しい指導者として君臨する。彼女は自分の卵を産み、その群れの働きアリに彼らが奴隷となったことを知らないままに彼女の世話をさせ、彼女の子ども達に餌を与えさせる。このようにしながら、彼女はムネボソアリの群れから食物を盗んだだけではない。彼女は群れそのものを盗んだのである。

この種の盗みは少なくとも二〇〇種の、さまざまな種類のアリで行われていることが知られる。しかし、全てのアリが同じ方法で盗みをするのではない。例えば、サムライアリは「奴隷襲撃」を開始する。そこでは、およそ一五〇〇匹のサムライアリが一緒に動きクロヤマアリと呼ばれるアリの群れを攻撃する。略奪するアリは彼らが見つけたできるだけ多くのクロヤマアリの幼虫を捕まえ、それらを自分達の群れに持ち帰る。クロヤマアリの幼虫がサムライアリの巣の中で成虫になると、彼らはそこに属しているという誤ったイメージを持って働き始める。思わぬ障害は、サムライアリが彼らの奴隷にあまりにも依存するようになるため、彼らが奴隷なしで生きることができなくなることである。サムライアリの群れは常に彼らの中にクロヤマアリを持っている。奴隷が働くことなしにはサムライアリは生存できない。このことは、その種全体の生存が他の種のメンバーの重労働に依存するという実例である。

アリと違ってクモは通常孤独である。しかし、彼らが餌を食べる前に蓄える習性もまた泥棒に攻撃されやすい。例えばコガネグモは食物を比較的ゆっくりと加工する。このクモは網を紡ぎ、その中心に座って一匹の昆虫が網にからみついた時に起こる振動を待っている。もしクモがこの振動を感じると、からみついた昆虫に向かい、それを糸の中に包んで毒液を注入する。そして狩りを続けられるように、それをぶらさげておく。クモが網の中心に座るために戻ると、その昆虫は縛り上げられてそのまま横たわる。クモの毒液は化学的にその内部器官を消化している。後に、クモがカロリーを必要とする時、とっくに死んでいる昆虫の所に戻りスムージーのように液化した内部を啜る。

イソウロウグモは自分でも獲物を捕らえられるが、そうすることを選ばない。その代わり、このクモは一匹のコガネグモの網のまわりに住む。コガネグモの体はとても大きい。約五センチの長さである。一方、イソウロウグモはその四分の一から二分の一の大きさである。時々小さい昆虫がコガネグモの網にかかると、イソウロウグモは走って行ってコガネグモがそれを取る前に盗む。しかし、それは通常コガネグモにとって大した問題ではない。というのは、それはしばしば起こることで、昆虫があまりに小さいのでコガネグモがおそらくそれを無視するからであろう。

しかし時には、イソウロウグモはもっと大きい餌にいく。よい大きさで、汁気たっぷりの昆虫が網にかかった時、コガネグモはいつものように、それが動かないように毒液を注入する。イソウロウグモは網の振動を感じて、この捕獲を観察する。そこで、大きいクモが引き続く餌によって気をそらすのを待つ。ひとたびコガネグモが二番目の餌をからめとるために頭をそらすと、イソウロウグモは小走りに行って、初めの餌を網の外に切り分けて、それを持って走り去る。

踏んだり蹴ったりなことには、イソウロウグモは彼らが盗んだ食物を常に食うわけではない。ある場合には、オスは盗んだ食物を贈り物としてメスに渡すことさえある。それは性行為の間に自分が食われるのを避けるためである。私達は〈情欲〉の章で、メスがオスとの交尾に同意する前に、メスの選択が、飛びつくオスの命を脅かすハードルをいかに作り出しているか議論した。オスが捕食者から盗まなければならないが、食うには大きすぎる贈り物を要求するメスは、まさにその実例である。

他のクモから盗むイソウロウグモは、そのクモに決して近づきすぎないという戦略をとっている。しかしクリマグアア(学名)というクモはその体の三〇倍のクモに制限なく近づき、食物をその口から盗む。彼らは約一ミリの長さであるが、ディプルラ(学名)と呼ばれる約三・八センチのクモから、盗みをする。これらの大きいクモは漏斗状の網を作る。そしてバッタ、甲虫、カエルのような大きい餌の動物が漏斗状の網の近くに歩いてくると、ディプルラは乗り出して、それを牙で咬み、その餌を漏斗の中で吸うために漏斗の開口部にもどる。

大きいディプルラグモが食べ始めると、クリマグアグモはその口の正面に歩いて行き、そのそばで食べ始める。実際、小さい盗人は望むだけ、どこにでも歩いて行くことができるようである——漏斗状の網、あるいはディプルラグモの眼の前を横切ってさえ。大きなクモは、それに全く注意を払わないように見える。おそらくそれは、クリマグアがあまりにも小さいので、盗まれるカロリーコストが、侵入者を捕まえて殺すのに費やさなければならないカロリーよりも小さいからであろう。

これは、小さいクモのために働く戦略である。実際の所、他の場所で生きる能力を失っているものにとってはよいものである。イソウロウグモのように網を作り、彼らが必要な時には自分で餌を捕まえることもできる泥棒グモとは似ていないものとして、クリマグアグモは、もはや自分で狩りをすることが出来ない。私が知っている限り、それは世界で四万三〇〇〇種いるクモのうち単独で自ら狩りをしない唯一のクモである。

盗みをするもう一つの独特なクモは、バギーラ・キプリンギ（学名）と呼ばれる極めて特殊な、跳び上がるクモである（その学名は、もしあなたがこれまでラドヤード・キップリングの『ジャングル・ブック』を読んで黒ヒョウのバギーラを覚えていれば、あなたの脳に焼き付いているだろう）。バギーラ・キプリンギは、世界で知られている唯一の植物食者のクモである。アカシア植物が防衛と引き換えにアリに蜜を与えることは覚えていますか？　そう、バギーラはこの同じアカシア植物の上に棲んで、植物がアリのために作った蜜を食べている。想像できるように、これはアリを喜ばせるものではない。そこでクモは常に彼らから隠れなければならない。攻撃された時には跳び上がるか、あるいはアリが到達しないように糸にぶらさがる。しかもこのクモは厳格な植物食者ではない――それは時々アリの幼虫を食べる。つまりアリの捕食者でもある。しかしバギーラはその食べ物のほとんどをアリを殺すのではなく、アリから蜜を盗むことによって得る。

盗みに最も長けているものは

盗みを犯すのは、のろのろと這うものだけではない。それは大きい動物にとっても問題である。たとえば、多くのアフリカの捕食者は彼らが殺した食物を補うために、他の捕食者から盗んだ食物を食う。ハイエナはライオンから盗むことで有名である。しかしこのことは『ライオン・キング』［ディズニー映画］によって信じられているような一方的なものではない。ライオンもまた攻撃的に死骸を盗む。そしてハイエナも自分達で食物を狩って殺しても、ライオンの群れによって頻繁に盗まれている。

盗みは、これらの動物にとって厄介なこと以上である。それは彼らの生存をおびやかす。殺戮は毎日起こるものではない。ある時には捕食者は数日間食物にありつけない。それが、なぜ食物を盗まれることが大きい問題を引き起こすかの理由である。ある動物がカロリーの束を使い果たし、その餌を殺したあとでは特にそうである。例えば、チーターは獲物を殺したあと、できるだけ早くそれを隠す。しかし、競争している捕食者にひとたびそれを見つかってしまったら、チーターは移動しなければならない。食べる餌が豊富な時でさえ、チーターは他の捕食者のために、特定の棲息地を使うことができなくなってしまうのだ。実際、もしチーターがハイエナやライオンの声を頻繁に聞く時には、彼は狩りを止めて他の場所に移動する。これは、おそらく食物を持ち去られる試練から自身を護るためである。

六〇〇〇匹を残すだけで絶滅が危惧されている、リカオンも同じ境遇に置かれている。そのため自然保護区が設置され、そこで他の絶滅危惧動物と共に保護されている。しかしハイエナとライオンが同じ保護区の中にいるため、リカオンが幸運をつかんでいるようにはみえない。ジンバブエの一つの研究では、そのような保護区の中にいるリカオンは、保護区の外で彼らが得ているよりもほぼ二倍、彼らの食物を盗まれていることを示している。その結果、彼らは、手厚く保護されている土地の外側で、そのほとんどの時間を過ごすという選択をしている。

自然は、自ずとバランスがとれていて自ら制御されており、自然を繁栄させる鍵は人間が目立つことなく、自然の秩序にまかせておくことである、という魅力的な概念がある。しかし真実は、人間を除いた動物には秩序の概念はなく、単に個体として繁栄するように最善を尽くしているだけである。もし、ある生態系の中の動物達が長いこと放っておかれるようなら、一つの平衡に到達するであろう。しかしその平衡がかき乱された時、しばしば物事は同じ平衡状態にはもどらない。つまり、私達がアフリカのサバンナの野生動物の保護をやめたとしても、チーターとリカオンの数が回復するとは限らないのだ。彼らの数を減らしたのは人間である。しかし、もし人間が消えたら、他の動物による盗みの問題、あるいは恐らく他の問題によって、チーターやリカオンのこれまでのような回復は妨げられるであろう。

アフリカのサバンナの捕食者による盗みは、私達にとって特に重要である。それは私達が彼らの中の一つの種として進化したからである。もし私達が時間を十分にさかのぼって旅をすることができるなら、私達はライオンとハイエナが他の捕食者から食物を盗むことを見るであろう。しかし彼らはまたこの死骸を第三の種と争っていることであろう。その第三の種とは私達人間である。

初期の人類が肉を得るのに、ヌー［アフリカの野生ウシ］の死骸からライオンを追い払うのは危険なことであっただろう。しかし、それは確かにヌーそのものを狩るよりははるかに魅力的な戦略であったに違いない。ヌーを狩るためには、初期の人類は焼けるような太陽の日差しの下、その足で八時間以上をかけてそれを追いかける必要がある。

人間が一匹の大きい動物をそのようにして狩り立てることができるという事実は、初めは不可能なように思われたが、世界各国の伝統的な社会において証明されている。その中には南アフリカのカラハリの人々、東アフリカのハッザの人々、北メキシコとアメリカ南西部のタラフマラとナバホの人々、オーストラリアのアボリジニが含まれる。人間は走るように作られている。一日中机に座っている人々でも、一週間に二、三日少しの運動をするだけで、特別な努力なしに一〇キロ走を達成することができる。実際、毎年何千人もの人々が約四二キロメートルのマラソンを完走する。ある人はさらに進んで一〇〇キロメートルのウルトラマラソンを完走する。私達の祖先が連続して八時間走ることができたという考えは、それほど不自然なものではない。また、大きい動物は短い距離では人間より速いけれども、持久力のある人間が走るほど遠くまで走ることは出来ない。十分に長い距離を走ることについては、人間はこの惑星の上で最良のランナーである。

一人の人間が一匹の動物を暑い太陽の下で追う時、追われる動物はやがて過熱する。人間は走っている間も常に汗をかくことで自分自身を冷やすが、大きい四つ足の動物はハーハー喘ぐことによって彼ら自身を冷やす。そして、これらの動物は一歩ごとに一回しか呼吸できないので、彼らは自身を十分に冷やすために走りながら早く喘ぐことができない。日陰で止まって喘ぐチャンスがないと、より大きい動物はやがて過熱し、その消耗から動けなくなり、追跡する人間によって容易に殺される［これを永続性狩りと呼んでいる］。

一九八〇年代に研究者達が五〇人のハッザの人々のグループの中で一年間過ごした。彼らは今も東アフリカのはずれで暮らしており、農業や都市化から追い出されずにいた。研究者達が見いだしたのは、この部族は永続性狩りを行っていたが、この部族のメンバーは他の捕食者によって殺されたばかりの動物の存在を示す、何らかの手がかりがないか、注意深く彼らの周囲を窺っていた。——それは旋回するハゲワシ、あるいはハイエナかライオンの夜の呼び声のようなものである。もしそのような手がかりが見つかると、ハッザの人々は直ちにその方向に走るのだった。ヒョウとハイエナは人々が到着するとすぐに逃げ去った。しかし、ライオンは強情だったので彼らはしばしば人間の食べ物の一部となった。その年の間、村に持ち帰られた全ての動物の死骸の二〇パーセントは、他の捕食者によって食べられていた。その中には、ゾウ、シマウマ、イボイノシシ、キリン、ヌー、インパラが含まれていた。

カメルーンとウガンダを含むアフリカの他の国においても、伝統的に生きている人間は捕食者から肉を盗むことが観察されている。これらの二十世紀の人々が、同じ場所で千年前と同じ狩猟方法を用いていることから想像すると、盗みはおそらく私達の種としての成功の大きい理由なのであろう。盗人である人間に対して指摘される証拠は、私達が二本の脚で可能なだけ長く歩くことができるということである。

動物にも嫉妬はあるか

動物達は彼らが嫉妬深いために本当に盗むのであろうか？　それは難しい質問である。ある動物が真に嫉妬を経験するかを確定することは不可能であるが、それに極めて近いものはある。動物達が嫉妬深いということを確実に証明するためには、まず彼らが、他の動物達が自分と同じ経験をしていることを理解しているかどうかを証明しなければならない。次に動物が、彼らが持っている物と競争者が持っている物の間の違いを計ることができるということを示す必要がある。そして最後に、この不釣り合いに動物が否定的な反応を見せることを示さなければならない。それは無理な注文である。もし動物が、人間が嫉妬した時にするように、互いに盗むことをするのを見たとしても、一組の実験もせず、それが嫉妬であると本当に知ることはできない。

しかし、これらの実験はオマキザルで行われてきた。そしてその結果はまったく有無を言わさぬものであった。研究者達は、あるサル達を研究者の手の中から一つの小石を取るように訓練した。褒美として、サルは彼らが好きなブドウを得るか、我慢はできるがブドウほどは嬉しくない小さいキュウリを得る。嫉妬が働くように、研究者達は隣りあった檻の中のサル達にブドウとキュウリを与えた。そしてサル達は常に彼らの隣人が得たものを見ることができた。

あるサルが得た褒美が彼の隣のサルが得た褒美と同じである間は、サル達は遊び、彼らの働きと交換のブドウ又はキュウリを幸せそうに取った。しかし、もし、一匹のサルがキュウリを得て、その間に隣のサルがブドウを得ることを見ると、そのサルは怒った。サルは時にはそのキュウリを研究者の顔に投げ返し、あるいは一緒にゲームをするのを止めた。本質的にサル達は、もし同じ仕事に対して誰かが余計に支払われるのを見たら、その仕事を拒否した。

今や、私がこれまで述べたことはサルの嫉妬であろう。しかし、もう一つの可能な説明がある。恐らくキュウリをもらったサルはお隣のブドウを見た時に、それがいかに素晴らしいかを思い出したのであろう。それは嫉妬ではなくて、美味しい食べ物について考えた時に、つまらない食べ物を食べるのが嫌なだけではないか。これは嫉妬というよりは、サルが失望しただけではないか。

そこで、研究者達は実験から失望を除外するように設計した所、彼らは、確かに嫉妬を目撃することができた。研究者達は次のようなシナリオでそれを確かめた。すなわち、両方のサルがキュウリを得たところで、サル達が両方とも眼の前の一つの容器の中のブドウを見られるようにした。この時点ではサル達が焦ることがなかったという事実から、サル達を狂わせたのは、そのブドウがいかに素晴らしいかを思い出したためではないことがわかる。引き金は、明らかに一匹のサルが得たものと隣のサルが得た物の間の違いである。注意深く設計されたこの実験によって、オマキザルが嫉妬を経験していることを巧く示した。

イヌ達も同じ性癖を持っている。もう一つの研究で、研究者達は数組のイヌを隣り合わせに置き、彼らに「お手」を頼んだ。イヌ達は列になって、その命令に三〇回まで従った。その時研究者達は、両方のイヌに褒美としておやつを与えた。あるいはどちらのイヌにもおやつを与えなかった。しかし、もし一匹のイヌにおやつを与えるが、他のイヌには与えないと、そのイヌは命令に従うことを速やかに止めて何もしなくなった。ふたたび研究者たちは、イヌ達が直接見える所では常におやつを与えないことによって、それが嫉妬であって失望ではないことを確かめた。

私は他の多くの動物が嫉妬を経験すると思う。しかし彼らのために実験は行われていない（チンパンジーでは実験が行われているが、その結果はあまりはっきりしない）。自然には嫉妬深い動物が数多くいるであろう。しかし、これらの種類の実験がないので、それを確かに知ることができない。公園のハトが、他のハトからパン屑を盗むのを見た時、それが他のハトの所有物への嫉妬なのか、単にパンが欲しかったのかを言うことはできない。しかし、その事実は動物が互いに盗むため、自然が困難な場所であることを示す。彼らの内部の感情的状態にこだわりすぎると、しばしばポイントを誤る。

その上、嫉妬には良いこともある。もし一人の子どもが隣人の医師の財産をうらやんで、そして、それが彼女に医学部に行くことに動機を与えるならば、嫉妬が問題であると私は思わない。もし、ある人が職場の同僚の平和と落ち着きを嫉妬して、その性質をまねようと瞑想とヨガを始めることを決めたら、結構だ！　他の人がしていることを見て、それを自分自身でもやろうとするのは、人間社会がいかに働くかの一つの基本的部分である。オマキザルとイヌが嫉妬を持っているという事実は、その小さなコストによって、社会的な種であることの有利性がもたらされることを示している。

しかし、嫉妬は時には悪いことでもある。盗みがその一つの明白な徴候であるが、もう一つのものは不貞である。それについて考えてみよう。人が隣人のパートナーを欲しがることは、時には浮気に導かれる。そしてそれは関係する全ての人に深刻な精神的苦痛をもたらす。

動物はプロのスポーツ選手がする以上にルール違反をする。そして嫉妬が少なくともある場面で役割を果すものと考えなければならない。

例えば、ハレムを持つ種をとりあげると、そこにはメスの一群れと交尾する一匹のオスとがいる。これは、誰とも交尾できないままでいる他のオスの一群れが、常に脇に座っていることを意味する。彼らが嫉妬しないことはありうるだろうか？　私の好きな実例は、〈怠惰〉の章で述べたシース尾コウモリである。これは私が最初にコスタリカで血吸いコウモリの洞窟の外側に止まっているのを見た種で、そのオスは彼らが交尾したいメスに糞と尿を浴びせることで知られている（そうです。これらのシース尾コウモリです）。もし自然界で性行為をめぐる嫉妬があるなら、この種がそれを持っている。

オスのシース尾コウモリは、オス一匹に対して七匹までのメスからなるハレムの生活様式を持っている。これらのメスは、お互いの子と共に、樹、洞窟、あるいは建物のそばに棲んでいる。一方、孤独なオスは衛星オスと呼ばれるが、彼ら自身のいかなるメスも持つことなしに近くに止まっている。

シース尾コウモリは、翼の肘のすぐ上にポケットを持つことから、その名前がつけられている（これは胸が悪くなるようなものである）。昆虫を狩る長い夜が明ける前に、一匹のオスは翼の中の袋を洗うために舐める。それから、かがみこんで、彼の口を自身の尿で満たし、そしてその尿を翼の袋に吐き出す。次に、体を曲げ戻して彼の喉を陰茎に置き、陰茎から白い小滴が出るまで振るわす。そして下顎の上の毛にくっつける。それから、彼は顎の小滴を尿で満たした翼の袋に移す。そしてもう一方の翼の袋を満たすまでこの過程を繰り返す。

尿、唾液、生殖器の分泌物の混合物は麝香（じゃこう）の匂いの花束を生み出す。それから、そのオスは彼の群れの中の一匹のメスの前に羽ばたいて行き、彼女のもとで翼を揺り動かす。それは人が食物の上で塩入れを振るのに似ている。それによって、そのメスを彼の性的な香水のサンプルで包む。この行動は塩振りと呼ばれる。

オスはその匂い方から彼がいかに健康であるかを宣伝し、メスはその匂いをそのオスが交尾するために性的に成熟しているか否かを判別するために使う。それが、なぜオスが毎日彼らの袋を洗って新しい花束を作るかの理由である。そのままにしておくと、袋の中にいる細菌が匂いの分子を壊して別のものを作ってしまうので、メスを惹き付ける匂いがしなくなる。メスにとってこれらの細菌による匂いはオスの調子がよくないことの兆候となる。

時々、一匹の衛星オスがメスに塩振りをして、彼女に彼の製品のサンプルを与える（時には、彼はハレムのオスにさえ塩振りをする！）。しかし、ハレムのオスは彼を端の方に追い払う。そしてその上、彼の上に塩振りをする。

衛星オスがハレムを乗っ取る機会を待っているのはまったく明らかである。研究者達が実験的に一匹のハレムオスを彼の止まり場所から取り除くと、他のハレムからの優勢なオスがやって来るのではなく、常に衛星オスがその場所を取る。そして、それは余所の衛星オスではなく、その特定のハレムの周辺にいた衛星オスである。いくつかのハレムが壁の上に近く隣り合わせにあるので、これは一匹の衛星オスが一つの特定のハレムを盗もうと集中していることを示唆していると私は思う。それは、私には嫉妬の世界の全てであるように見える。しかし、制御された実験が行われるまでは確かなことを知るのは不可能であろう。モーリー・ポヴィッチ［アメリカのテレビ司会者］ショーの「嫉妬」の回で行われた、父となることへの狂気の分析の中で、研究者達はある不正なシース尾コウモリの秘密を知った。そうです。ハレムオスは衛星オスよりも多くの子どもの父親となったが、ハレムオスは彼自身のハレムの約三〇パーセントの父親でしかなかった。三〇パーセント！　他の七〇パーセントは近くの衛星オスの混合が父親となっていた。しかも彼ら自身のハレムのものは少なかった。そのハレムのメスは明らかに時々外に出掛けていたのである。

こそ泥化するオス

ハレムは自然では普通にある。そして、それは他のオス達と競争できないオスにとっては、生活をとてもつらいものとする。しかし、一つの代替の戦略が可能である。それは、もし他のオスに打ち勝つことができなければ、こそ泥のオスになることである。こそ泥のオスはあらゆる種類の動物で発生する。彼らは、創造的な戦略をとることで、より強いオスとの対立を避ける。グレートプレインズヒキガエルは、アメリカ中西部の大嵐の後にできる水溜りの中で交尾する。オスは水の中に入ることでこの過程を開始し、夜になると鳴き声をあげる。それはこう言っている。「ご婦人方、お水がよろしいようです。来て、私とご一緒しませんか！」

カエル類の一つの特徴は、オスがメスの中に入れるべき陰茎を持たないことである。その代わり、彼は水の中で彼女を摑まえ、彼女を一種のカエル抱きのように後ろから抱き締める[2]。彼がそれをする間、彼女は卵を水の中に放出し、彼は精子をその上から放出する。カエルはこのように性行為をするが、まず彼らは出会わなければならない。

一匹のメスのグレートプレインズヒキガエルは、鳴くオスの誰とでも接近するわけではない。彼女は大きいオスを好む。そして、カエルの大きさと、その声の調子との間には一つの生体力学的関連がある。より大きいカエルはより太い声を持つ。そこで、太い、ブーンと鳴る声で鳴くことによって大きいカエルは自分の大きさを宣伝できる。この種の声は小さいオスには無い。彼らのテノール調はメスによい印象を与えない。太い声のふりをする方法はない（トランペットをいかにうまく演奏しても、チューバのようには決して鳴らない）。

解決法は？　小さいオスは一匹の優勢なオスの近くでうろうろし、黙っている。一匹のメスが太い声のオスと一緒になろうと泳いできた時、こそ泥のオスは彼女を横取りして彼らは抱き合う。

そのメスは彼が鳴いていたものと思うのか、それとも、これが強制的な交尾なのかは明らかでない。しかし一つのことは確かである。それはうまくいく。こそ泥のオスは卵を受精させる。そして、一シーズンに受精させる卵の数という点では一匹の優勢なオスほど効果的ではないけれども、それは小さいカエルが彼らのＤＮＡをうけ渡すことができる一つの解決策である。

もう一つのこそ泥のオスの戦略は、スペインの山の高い所に棲むカエルで報告されている。そこでは、こそ泥のオスが、すでに受精されて水の中で浮いている卵の塊を見つける。その卵の両親はすでに去っているので、こそ泥のオスはメスを摑む時の典型的な姿勢をとって、浮いている卵の塊を摑む。それから彼はその卵の上に彼の精子を放出する。父性分析によると、その池の約四分の一のカエルの胚［発育初期の子］が、その戦略を用いた、こそ泥の父親によることが明らかになった。もう一度言うが、優勢なオスになることは、より良いが、大きい子どもと遊べなくとも、試合から外れるわけではないのだ。

しかし私達は、こそ泥のオスのカエルの実態について、まだ何も理解していない。現実はうんざりするようなものだ。オウギハヒキガエルと呼ばれるカエルは、アマゾンで大雨が降ったあと流れの隣にできる小さい池で普通に見られる。こうした池があらわれると、数百匹のオウギハヒキガエルが交尾するためにそこに行く。そして、数千の卵が二、三日の間に産まれる。この期間はあまりに短いのでオス達の間での競争は、ばかばかしいほど激しい。そして多くのメスが争いの中で傷つけられたり殺されたりする。最初に一匹のオスが交尾を始めるために一匹のメスを摑む。しかし、それから他のオスが摑み、最初のオスをひきはがそうとする。間もなく、そのメスは彼女を摑むオス達の大きいボールとなり、溺れるまで彼女を水の下に押し付ける。

修羅場が終わるとカエル達はばらばらの道をたどり、あとには受精された卵の間に幾つかの死んだメスが池の中に横たわっている。その時点で、一匹のこそ泥のオスが一匹の死んだメスを摑む。彼女が生きているかのように抱き締める。そして彼女の死体と交尾を始める。彼がこの死姦の行動にかかわっている間に、彼は彼女の体の横を強く圧迫する。その結果、卵が水の中に一つ二つと出てくる。それは粘液のネックレスの上のぬるぬるした真珠のようである。時には他のオス達も、彼を引きはがそうとする。そこで、最初のオスは全ての卵を受精させるために、彼女の死体を池のまわりに押しつける。
この行動は到底信じられない。死姦をする、こそ泥のオスのオウギハヒキガエルは彼らのDNAをうけ渡す。死んだメスと性行為をするオスは多くの他の動物でも観察されてきた。その中には、ペンギン、カモ、ロブスターが含まれる。しかしオウギハヒキガエルは、死姦が実際に子孫へと導くことができる唯一の動物である。

私にとってこの物語は、自然は人間がいかにあるべきかの偽のモデルではないことを示す、特別によい警告である。スペインの山の池のどこかで、一匹のオスのカエルが、交尾するオスの攻撃的な集団によって殺されたメスから卵を絞り出しているのである。このようなことは、人間社会であってはならない。

こそ泥のオスが生きたメスと交尾するこれらの例では、性行為はより速くすまされなければならない。さもないと優勢なオスがやってきて、こそ泥のオスを打ちのめしてしまう。ガラパゴス諸島だけにいる海イグアナは、こそ泥のオスが働くもう一つの種である。そして彼らは物事を速くする便利な方法を見いだした。

メスの海イグアナは毎年、二、三週間の間しか交尾しない。大きいオスはメスを獲得するために、オス同士の間で熾烈な競争を繰り広げて、大きな縄張りを確保する。一匹のオスの海イグアナは性的興奮の頂点に達するために、約三分間の性行為を必要とする。一匹の大きいオスにとっては、それは問題にはならない。しかし、より小さいこそ泥のオスにはそのような時間がない。一匹のこそ泥のオスがメスと性行為をするためには、どんな時間でもやりくりする必要がある。彼が彼の精子をうけ渡すことができる前に、優勢なオスがきて物事をぶちこわすチャンスはいくらでもある。そのため、こそ泥の戦略は役に立たなくなってしまう。

ここで、こそ泥のオスのイグアナはその問題にいかに対処するだろうか。一匹のメスが歩いているのを見た時、性的態勢に入る。体と尾を曲げ、彼が彼女と性行為をしているかのようにする。これは、見かけ上イグアナの自慰行為である。なぜならば、これによって彼の陰茎から二、三滴の精液が出るからである。その精液は彼の陰茎の尖端で乾く。そして、最終的に彼が性行為をした時、古い精液がメスの中に入る。もし、彼が一回の性的興奮の頂点に至るまでに必要な三分間一杯、メスの上に留まるならば、もっと多くの精子を彼女の中に入れることができるであろう。しかし、その前に優勢なオスによって押しやられるような場合には、彼が自慰行為の間に作り出した乾いた精液の一部が彼女の体の中に残される。そして、それは、何も無いよりは良いことである。

極めて小さい動物も、こそ泥のオスの戦略を用いる。もしカリブ海に月の無い夜にシュノーケリングに行ったら、青い光の点滅が、複雑なパターンで海藻の下から投げかけられるのを見る幸運に出会うだろう。私はそれを自分では見たことがない。しかし、それは私の人生で、何時か見たいものとなっている。きっと素晴らしいだろう。

これらの光の点滅は、カイミジンコとよばれるエビのような生物の特殊な発光器官から来る。オスは極めて小さく、体長二ミリ以下である。そして彼らはこれらの光の誇示を、メスを惹き付けるために行う。約十二秒経過する間に、一匹のオスは一〇回から二〇回光を発し、水の中を約〇・六メートル、その後ろに小さい青く輝く点を残して上に向かって泳ぐ。オス達はこれらの誇示をおびただしい数で行う。私はこれが眼をみはるものだろうと想像する。メスのカイミジンコも、きっとそう思うだろう。一匹のオスに好感を持った一匹のメスは暗闇の中で近づき、彼女の選んだオスをしっかりと摑む。彼らは交尾をする。そして彼は彼女が卵を孵すために泳ぎ去る前に、精子の包を彼女の体の中に入れる。

この誇示の問題点は、捕食者をも惹き付けるということである。光を点けて、それを極めて予想できるパターンで動かすのは捕食者の胃の中に入って終わることにもなる。しかしオスのカイミジンコが交尾しようと思うなら選択の余地はない。

ところが実際にもう一つの選択肢がある。一匹のオスは予想できるパターンで動く。一匹のこそ泥のオスは、もう一匹のオスのすぐ上に位置をとる。そして演技者が彼の誇示を演ずるすぐ前方で泳ぐ。なんかの幸運によって、こそ泥のオスは近づいてくる一匹のメスを横取りすることができる。そして彼女は全ての働きをしたオスの代わりに彼と交尾する。他の種類のこそ泥のオスと、カイミジンコのこそ泥のオスの違いは、オスがある晩のうちに、二つの戦略の間を行ったり来たりするということである。カエルやイグアナの役割は彼らの体の大きさによって規定される。彼らとは違って、カイミジンコはもう少し柔軟性があり、そしていかにそれを使うかを知っているように見える。私にとってカイミジンコは肝をつぶすような自然界の驚きを体現するものである。ここでは、ある小さい動物が、それはピンの頭よりも小さいのに、夜に秘密の発光ダンスをして、いかなる鳥や哺乳類よりも複雑な交尾儀式を行うのである。世界は驚きに満ちている。そして動物のある特定のグループについて深く学ぶほど、それは更に驚くべきものとなる。

大洋に棲むもう一つのこそ泥のオスで、それを考える時いつも私を大声で笑わせるのが、オーストラリアコウイカである。これは、八本足のタコの親戚である。約五〇センチの長さで、九キロ以上の重さがある。コウイカはただちに色を変える能力があることで知られている。それによって彼らは必要な時にカモフラージュすることができる。また捕食者を脅すために、けばけばしいディスプレイをする。あるいは他のコウイカと交信する。そして勿論、もし交信できるなら嘘をつくこともできる。こそ泥のオスのコウイカは素晴らしい嘘つきである。

オスのコウイカは積極的にメスを防衛する。しかしメスはこの献身に夢中になったりしない。選ぶべきオスは沢山いる。そこで彼女は交尾の企ての七〇パーセントを拒否するけれども、彼女は毎日一七回も交尾をする。そのうち約六五パーセントは大きい優勢なオスとである。しかし、より小さいオスはメスと出合うために三つの戦略を持っている。ある時には、彼は優勢なオスの真正面から近づく（この場合、彼は急ぐ必要がある）。ある時には、彼は大きいオスに隠れて岩の下のメスに近づく。そして、ある時には彼は第三の戦略を使う——それは女装である。

コウイカのオスとメスは、その四対目の腕の形と皮膚の斑の模様から区別することができる。「異性の服装」をしたこそ泥のオスは、彼らの四番目の腕を体の下に押し込み、体の色をメスに見えるように変え、それからメスが卵を産もうとする時にとる姿勢と同じ姿勢をする。卵を産もうとするメスは通常交尾の誘惑を受け入れないので、大部分の他のオスはメスの姿勢をまねたコウイカと交尾をしようとはしない。しかし、変装したオスは頻繁に他のオスによってつきまとわれる（そのうちのあるものは、混乱することには、メスに変装している。それは入念なシェークスピア風の演技である）。

メスのふりは、こそ泥が成功する戦略である。変装したこそ泥のオスは、しばしば本当のメスに横づけになるように、こそこそ行く。それは彼女が一匹の大きい攻撃的なオスによって防衛されている間でも実行される。こそ泥のオスが彼の動きをメスに向けると、ある時には彼女は彼を拒む。またある時には優勢なオスによって追い払われる。しかし、まったく頻繁に見事に交尾は行われる。

他にもいるメスのふりをするオスは、アメリカ南東部の赤い頬サンショウウオである。赤い頬サンショウウオが交尾する場合、一匹のオスとメスが一緒になって、儀式的な動きをする。彼らは互いの上に腹這いになって、彼らの体をとても特別なやり方でお互いにこする。カエルのように両生類なので、オスのサンショウウオは陰茎を持たない。そこで交尾の間に精子の球を地面にくっつける。彼らが一緒に動く時、メスは彼女の体を精子球の上に滑らせ、それを彼女の体の中に引き入れる。

もし別の一匹のオスの赤い頬サンショウウオが、オスとメスのダンスの最中にやってきた場合、ある時には彼らが離れるように押す。しかし、別の時には、彼は彼らの間にこっそり近づき、それから彼はメスであるかのようにダンスを始める。もともとのオスは恐らく、そこに代わりの精子球があることがわからない。そこで精子の包を置くまでダンスを続ける。すると偽のメスは向きを変えて、もとのオスを咬んで追い払う。

私には、こそ泥のオスは捕食者が盗むよりは、よりよく嫉妬を具体化しているように思われる。ある種の中で、より小さいオスがより大きいオスと頭を突き合わせる時、小さい奴は常にばかを見ることで終わる。彼が文字通り嫉妬深いかどうかは一つの問題である。それは、ある日優れた実験によって答えられるだろうが、これがあまりに多くの種類の動物で起こるので、私達はそれらの全てを知るチャンスは決してないであろう。それが嫉妬であるか否かにかかわらず、より小さいオスが彼らの遺伝子を次の世代にうけ渡すために、できることは何でもやるように動機づけられていると思われる。自然では、ゲームはオスが顔に砂をかけられて終わるとは限らない。

今こそ、こうした動物が示そうとしている教訓について語るべき時である。しかし人は自然を一つの教育的な手本であると偽った主張をすることはできない。自然からインスピレーションを得ることは結構である。しかしなおも常識を持たなければならない。人間はモラルによって我慢をしなければならない。そして自然はモラルのある場所ではない。自然で起こる何かを、人間の行動を正当化するために決して使うべきでない。たとえどんなにそれが無害に見えても。

私は最初のガールフレンドとは高校時代に別れた。彼女は私に手紙を送ってきた（これは携帯メールができる前だった）。それにはこう書いてあった「教えて、ダン。無知は至福［知らぬが仏］ですって？」この日まで、私は彼女が何を話しているかがわからなかった（おそらくそれが彼女の論点だったろう）。しかし、ある理由から、これらの言葉は、それ以来、私の脳裏を離れなくなった。もし知らぬが仏であるなら、知識を得ることは人をより悲しませるものではないか？　もし、人がその人生を新しい情報を探すことに費やすならば、ある喜びが失われる可能性があるのではなかろうか？

一人の親として、私はそう思い始めている。

自然界について学ぶことは、そうしなかったよりも私の人生を豊かにしてきた。しかし、進化について学ぶことは、物事を少し楽にするおとぎ話の皮をはぐことでもある。私は、大叔母のクレアがサムの出産の時に天から見下ろして、家族が似ているのを私と共に祝福していたと信ずることによって、ある至福がもたらされたかもしれないと想像する。それはまた、サムが最初の呼吸をする前の緊張の時に、ある自然の力が彼を世話してくれていると信じることが助けになったかもしれない。しかし、私が科学について学んで過ごした時間が、こうした物語を信じないように私を導いてきた。

これらの例で、恐らく科学に基づく私のものの見方が、私から少しの幸福を奪ってきたということはあり得るだろう。しかし、私はだいぶ前から私の世界に根ざす経験を、できる限りしっかりと現実的に保つように決めてきた。けれども私は、私の頭の中で生体ロボットが演じているという背景について触れることなしにサムを愛している、という現実に驚かざるをえない。それは、進化について何も考えることのない両親を私が嫉妬するには、ほとんど十分である。

ほとんど。

（1）盗みは寄生の一つのタイプである。なぜなら（二章前からあなたは覚えているでしょう）寄生は二つの生物の間の関係をあらわし、そのうち一つ（寄生者）は利益を得て、もう一つ（寄主）はコストを払うものだからである。盗みによる寄生の場合、生物学者はクレプトパラザイティズム［盗み寄生］という言葉を使う。そしてそれが他の動物の盗み寄生者であると話す。クレプトという接頭語はクレプトマニア［窃盗癖］という言葉からきたもので、それは人々が病理的原因で盗むようになる病気である。

（2）このカエルの交尾抱きはアンプレクサス［抱接（ほうせつ）］と呼ばれるが、それはラテン語で「エンブレース」「抱く」という意味である。

第6章　暴力にも負けず〈怒り〉

殺人を犯したシャチ

自然は暴力的な場所である。生き物は他の生き物によって常に殺されるということは誰でも知っている。そして、その事実にもかかわらず人々は自然は平和であるという神話にしがみついている。そこには捕食的動物ですら優しいという虚構の世界がある。多くの場合、偽りの世界は無害であるが、最悪のシナリオの場合には、それは誰かを殺すことになる。

シャチ［クジラの一種］は凶暴な動物の一つであるが、人々は常にこの動物を過少評価している。多くの人々はシャチがどのように見えるかを知っている。しかし、野生でいる時に何をするかについて、知っている人はほとんどいない。その代わり、人々は『フリー・ウィリー』［シャチが主人公のアメリカ映画］を見るか、シーワールド［アメリカの海洋哺乳類水族館］のような場所でシャチが芸をするのを見に行く。そして、シャチが家庭犬のような生物であるといった印象を得る。実際、フロリダ州オーランドのシーワールドでは、犬がするような、あらゆる種類の芸をするティリクムという名のシャチを見ることができる（そして、約五四〇〇キロの動物が一人のトレーナーの言うことを聞く様を見るのは、大変印象的である）。毎年、文字通り数百万人の人々がシーワールドに来る——多くは子ども連れで。彼らの多くは恐らく、彼らが見ているシャチは映画のウィリーのようだと、あるいは、少なくとも彼のような友好的なシャチだと信じるであろう。しかし、彼らが見ているまさにそのシャチが人を殺したのだ。それは時を全く別にして三度も行われた！

最初の殺人は一九九一年に起こった。その時ティリクムはカナダのビクトリア州の海中公園で他の二頭のシャチと住んでいた。ある日、一人の二十歳のトレーナーが偶然プールに落ちた。彼女が自分を引き揚げる前に、シャチの一匹がヒレで彼女をひったくり水の下に引きずり込んだ。三頭のシャチは、他のトレーナーが彼らの注意をそらそうとするのを無視した。そして泳いで逃げようとする女性を交替で押して、おもちゃのようにして遊んだ。彼らの歯で衣服を引き裂くことまでした。彼女が死ぬまで。

その悲劇のすぐ後に、ティリクムはシーワールドに移されて、そこで彼は今日まで、なおも生きている。二〇一〇年、最初の事故からその日までほぼ十九年がたった時、一人の四十歳のトレーナーがティリクムの頭の近くのプールの縁で横たわっていた。その時、シャチは彼女を口の中にくわえて、下に引っ張った。彼女は逃げようとしたが、繰り返し水の下に引っ張られた。水面まで泳いで上がっても、シャチは彼女を彼の鼻でプールの中で押し回した。彼女の顎は砕け、脊髄は切断され、そして最後に彼女は溺死した。

おそらく、この二人のトレーナーはシャチとかなりの時間を過ごし、彼らがいかに危険かを知っていた。しかし、第三の死者はトレーナーではなかった。それは一般人で、シャチが優しい巨人であるという虚構の世界に生きていた人が関係した事件だった。一九九九年の夏、二人のトレーナーの事故の間に、一人の二十九歳の男性がシーワールドに来て、ティリクムのショーを見た。それから男性は、職員がその日に施設を閉めるまで、シーワールドの敷地のどこかに潜伏していた。翌朝、彼の裸体が水の下でティリクムの背中にもたれかかって発見された。彼の水着はプールの底に横たわっていた。そこにはビデオカメラも目撃者もなかった。そのため、男性に実際に何が起こったか知る者はいなかった。しかし、ぞっとするような死の手掛りはあった。

最初の手掛りは、ティリクムのプールのわきにその男性の衣服（水着以外の）がキチンと積み重ねられて見つかったことだ。これは、彼がシャチと泳ごうと計画していたことを示唆する。二番目の手掛りは、発見された時、男性の体に無数にあった切り傷と打ち傷だった。彼は顔に咬まれた跡があり、陰嚢は切り開かれていた。これらの傷はティリクムが彼と水中で遊び、八年前に最初のトレーナーから衣服を引き裂いたように彼の水着を引き裂いたことを示している。おそらく、彼は片足を水の中にブラブラさせてシャチに引きずり込まれたか、あるいは彼は水に飛び込んでから出ようと試みたが、水の下に引き込まれるだけだったのであろう。私達には決してわからない。しかし明らかなのは、ティリクムは優しい動物ではないということである。

この男性が計画をもくろんだ時に何を考えたかを知る方法はない。恐らく彼は故意に自殺しようとしたのではないかと推察されている。しかし、それよりも、もっともな説明は、まさか死ぬことになろうとは、考えつかなかったのだろう。私の想像は、テーマパークが訪問者に与え続ける友好的なシャチの架空の世界を彼が信じていたということである。少しの時間、頭の中にその時の情景を描いてみよう。それは夜である。彼は何か神秘的な経験ができると信じながらプールに近づく。最初の攻撃が彼の足にくる瞬間に、パニックに陥り、次の数分間にそれがまさに地獄となる。私にできることは推測だけである。

野生のシャチはサケから、サメ、カモメ、アシカまで一四〇種類以上の動物を食うことが記録されている。興味深いことには、シャチの小群はそれぞれ一種類の食物を選び、それに固執する。あるものは魚だけを食う。同じ海域にいる別の群れは、ネズミイルカとアザラシのような哺乳類しか食わない。そして魚を食うものと哺乳類を食うものは互いに交尾しない。彼らはまったく影響しあうことがない。おそらく二、三百万年のうちに彼らは別の種となったが、今では彼らはシャチの個体群の中で異なる社会となっているのであろう(1)。シャチにはまだわかっていないことがたくさんある。しかし、哺乳類を食うシャチについて私達が知っていることは、何故ティリクムがあのようなことをしたかについての洞察を提供する。

一匹のシャチがアザラシかイルカを捕まえた時、それを動かないようにする必要がある。シャチが最初にひと咬みしたあと、その生き物が泳ぎ去ってしまっては困る。又、それを飲み下そうとする間に、その動物がもがいて歯が破損するかもしれない。もっと悪いことには、約三六〇〇キロのゾウアザラシの防衛的なひと咬みの被害を受けることもありうる。たとえシャチが四五〇〇から九〇〇〇キロの重さがあったとしても。そこで肉食者のクジラにとって、その餌が動かないようにするためには、一つの道は噛み砕くことである。

例えば、シャチはアザラシやイルカを口で水の上に一メートル以上も投げ上げる。それから、それらを再び捕まえる。時には、シャチは赤ん坊のアザラシをその強力な尾で打ち、その動物を一五メートル以上も水の上に投げ上げる。こうした遊びは何時間も続く――おそらく長い時間が必要なのだろう。シャチに食われる哺乳類は、いつも速やかな死を迎えるとは限らない。彼らは何時間も苦しみ、やがて食われる。彼らは傷をつけられ、骨を砕かれ、器官を破裂させられる。それは死への恐ろしい道であるに違いない。

哺乳類を動かなくするもう一つの戦略は、彼らを溺れさせることである。シャチは、獲物を彼らの歯でくわえて水面下に保つことができる。また、彼らは水の外に跳ね上がって、泳いでいる哺乳類の真上に降りる。こうして、水面での呼吸を妨げる。それは非常に大きいクジラ、ザトウクジラ、コククジラ、そしてシロナガスクジラでさえも――に対して行われる。シャチのある小群がこれらの巨人を狩る時には、シャチはまずより大きいクジラを取り囲む。それからシャチ達はその背中に、交替で何回も繰り返し跳ね落ちる。遂に相手が消耗して水の下に沈むまで。それからシャチは彼らの餌をその前ひれと鼻で摑み、それが溺れるまで水の下に引きずり込む。時々、シャチはこれを大人に対して行うが、彼らは通常、母親から離れた赤ん坊のクジラを選ぶ[2]。

シャチで見られる餌を動かなくする捕食行動と、ティリクムが人々を水の中に引きずり込んだ時の行動は驚くほど似ている。彼は人々が体を壊したり溺れたりするまで、突き当たったり小突いたりした。彼は本能をもとに行動していたのであろう。あるいは、アイスランドの近くで捕まってプールに入る前、彼の生涯の始めの二年か三年、いかに狩りをするかを覚えていたのかもしれない。彼は殺した人間を食べはしなかった。しかし、なぜ彼が彼らに残忍な仕打ちをしたのかを理解することは難しくない。彼は一頭のシャチなのだ。それが殺し屋クジラ［シャチの原語］と呼ばれるいい理由である[3]。

シャチと彼らに似た他の捕食者は、彼らの餌動物を動かなくすることに利益があるので、その餌を傷つける。しかし、餌の痛みや苦痛を最小にすることにはなんの利益もない。なぜならば、進化は利己主義を好むからだ。そのためクジラ、ネコ、イヌ、そして多くの他の理知的な捕食者は、彼らが殺すあいだ彼らの餌で「遊ぶ」という本能的な欲求を授けられている。シャチのような捕食者がいるおかげで、自然は動物が想像できない痛みと苦痛を互いに浴びせかける場所となってきた。

ティリクムをめぐる悲劇は、野生の動物は人間がするような侮蔑をもって死と苦痛を扱うことは無いという重要な警告である。動物達は、それが彼らにとって利益である時、破壊的な力を用いるのをためらわないというのが単純な事実である。そして彼らは彼らが殺す動物を尊敬あるいは尊厳をもって扱う、いかなる理由も持っていない。

そのような虐殺はシャチに限られるものではない。それは動物界全体を覆うものである。例えば、ここにアメリカオオモズと呼ばれる北アメリカのよく鳴く鳥がいて、これは生きた動物を戦利品のように有刺鉄線の柵に突き刺す。この鳥を見ると決してそのような残忍な行動をするとは考えられないだろう。それは黒と白の小さい鳥で、コマツグミよりも少し小さく、そのくちばしの先にやっとわかるほどの小さい鉤(かぎ)を持っている。しかし、その小ささがまさにアメリカオオモズがその餌の動物に身の毛もよだつことをする理由である。

モズは彼らの大きさに比べて大きい動物を食う——大型の昆虫、トカゲ、ヘビ、そして鳥やネズミで、そのうちあるものはモズの半分の重さにもなる。餌の動物が大きいと、それを食うのに相手と戦う必要が生じる。そしてモズは餌を引き裂くあいだ押さえつけておくための、猛禽類のような強力な爪を持っていない。そこで、有刺鉄線の柵が登場するわけである。その餌を生きたまま、肉鉤［食肉を吊り下げる鉤］

に突き刺すことによって、モズは動物をその場所におさえつけることなく、その体を鉤のある嘴でゆっくり裂くことができる。時には、モズは植物の刺を鉤として使う。しかし、有刺鉄線の柵が手にはいる時にはモズはそちらを好むように見える。

モズのオスもメスも、彼らが食う助けとして突き刺す行動をする。しかしオス達は突き刺した餌で彼らの縄張りを示し、また、いかに狩りがよくできるかをメスに宣伝するために使う。私は、これより気持ち悪いものを知らない——オスがその行動をとり、あるいはメスがそれによって興奮することが。どちらにしても、等間隔に間を空けて動物の死骸がついている有刺鉄線の柵は、中世の要塞の壁の裏側に並ぶ首切られた人間の頭を思い出させる。もし、モズの場合に死骸がそれほど小さくなかったら、それは恐ろしいものであったろう。

シャチとモズは体の大きさ、どこに棲むか、何を食うか、ではあまり似ていないが、彼らの餌を動かなくする必要性と、それらを圧倒することによって、その仕事を達成するという点では同類である。それはまた、ライオンからクロコダイル、ワシ、ホホジロザメ、マングース、オオカミまで、多くの種類の捕食者がそうである。これらの捕食者は彼らが食う動物より強く、より加速度があり、あるいは、より持久力があるようでなければならない。彼らは彼らの餌を力ずくの身体的競技で叩くことができるおかげで、食べている。

しかし、全ての捕食者がこれらの身体的競技で勝つことができるとは限らない。そこで、もしここで止めるなら自然界における怒りの論議は完結しない。もし、捕食者が身体的にその餌を上回るほど十分に強くない時でも、化学を使うことでチャンスが生まれる。

恐るべき化学兵器

毒液は全てを変える。

ある人々は毒液と毒という言葉を同じようなニュアンスで使う。しかし、両者の間には重大な違いがある。毒はその動物が他の生物に食われることを避けるために用いられる。例えば、ヤドクガエルの毒のある皮膚分泌物を考えてみよう。一方、毒液は相手を傷つける目的で犠牲者に注入される化学物質の混合物である。毒液は攻撃にも防御にも使うことができる。ある時にはそれは餌を圧倒するために使われる。そして別の時には、それは捕食者からの防衛のために使われる。いずれの場合も、毒液は化学的兵器である（今度、誰かが毒ヘビについて話す時、それを「毒液ヘビ」と直すことにはご遠慮なく。ヘビは毒液的なことはあっても、けっして毒的ではない）。

餌を狩るために身体のかわりに化学物質を使うのは、自分よりはるかに強いものを食べられることを意味する。そして、私はクラゲが魚を殺して食う以上に最適な例を考えることができない。骨のない小塊が、通常はそのまわりを泳いでいる逞しい動物を飲み込むことができるのは、毒液のおかげである。

クラゲは彼らの毒液を微小な銛（もり）を通して放出する。それらは、それぞれの触手に何百、何千と並んでいる。そして一匹の魚が一本の触手の所に泳いでくると、銛がその肉に発射され、毒液がほとばしり、銛は魚の皮膚に逆向きの針で突き刺さる。それは本当の銛のようである。これは信じがたいほど速やかになされる――銛の尖端は重力の四万倍の加速度で発射される。そして、ひとたび一匹のクラゲの針に触るならば、全てのことは三ミリ秒以下で終わる。――それは瞬きをする時間の四〇分の一である。クラゲの毒液は、クラゲが食べる小さい動物を速やかに動かなくする。それはまた防衛メカニズムとしても働く。それはある動物がクラゲを食うことを妨げ、私達のような泳ぐ動物がクラゲが望むスペースを邪魔しないようにする。

人間が観察するのにナンバーワンのクラゲは、オーストラリアハコクラゲである。それは約九〇〇グラム以上の重さで、六〇本の約一・八メートルの長さの触手を持っている。もしある人がこれらの触手の中を泳ぎ、微小な銛が毒液を十分にその人に打ち込んだら、皮膚に猛烈な痛みを伴う傷がつくであろう。しかし、それは体の外側で起こるだけである。内側では物事ははるかに悪い。

オーストラリアハコクラゲの毒液は、人の赤血球からカリウムが漏れるようにする。カリウムがなくなると、水とヘモグロビンのような他の分子も失われて細胞はしぼみ、ぐにゃぐにゃになる。最終的には赤血球が、ばらばらになり破片にまで溶ける。これは最悪である。なぜなら、肺から全身の組織に酸素を送るためには赤血球が必要だからである。もし赤血球が全て破壊されると全身の組織は窒息して死ぬ。しかし、それが人を殺すのではない。漏れたカリウムは赤血球の外側の血液の中で浮かんでいて、心臓の鼓動を適切にするための化学的メカニズムに干渉し始める。このようにしてオーストラリアハコクラゲに刺された結果、心臓が止まり人は殺される。

オーストラリアハコクラゲはいとも簡単に人を殺すが、大多数のクラゲの種は人間にまったく危険でない。あるクラゲの銛は単に私達の皮膚を通すにはあまりに小さいし、別のクラゲは、毒液の化学的構造が人間の体に致死的な効果を持たない。例えば、カツオノエボシとよばれるクラゲについて聞いたことがあるだろう。このクラゲは三〇本余の触手を持ち、それぞれは約三〇センチの長さがある。それは魚を速やかに殺すことができる。しかし、都市伝説とは反対に、カツオノエボシは人間を殺すようなことはまったくない（これに刺された時には強い痛みを感じるけれども[4]）。

人間よりもカツオノエボシに刺されても影響の少ない、動物がもう一ついる。ただし、その動物は長さがわずか約二・五センチの小さいものである。実際、それがクラゲに刺された時にやる策略は、生物学の中で最も信じがたい。〈暴食〉の章にもどると、私達はエメラルドウミウシについて話した。それは、藻類を食うことによって太陽からのエネルギーを得る。そして太陽光でエネルギーを得た分子装置を、それ自身の皮膚の表面に移動させる。同じ本の頁をめくると、そこにはアオウミウシと呼ばれる別の種類のウミウシがいて、それはカツオノエボシの刺す触手を、銛が始動することなしに食う。そこで、太陽光でエネルギーを得る彼の親戚のように、アオウミウシは防衛のためにこれらの銛をその皮膚に移動させる。

この、刺すウミウシの学名グラウコスはギリシャの海の神の名にちなんだものである。この神は死ぬべきものとして生まれたが、魔法の薬草を食べた時に、不死のものとなった。このような珍しい生物にとって、なんとふさわしい名前だろうか。それは、その皮膚をカツオノエボシの銛が発射するのを化学的に抑える粘液で覆うことによって、それ自身が刺されることがない。アオウミウシはまた、特殊化した皮膚細胞を持ち、発射した銛をほとんど砂袋のように吸収することができる。そして毒液がその体に漏れることを妨げる。アオウミウシは銛を食うので、口の中と消化管にそって似たような裏打ちを持っている。ひとたび銛が食われると、それは特殊化した運動細胞によって取りあげられて、その動物の皮膚の外に置かれる。その銛は、もしアオウミウシが防御を必要とした時いつでも発射できるように、アオウミウシの体の分泌物によって生かしたままに保たれる。

「自然」が私達を殺す

特別なウミウシがクラゲから毒液を盗まなければならない一方、イモガイと呼ばれる近縁のものは自ら毒液を作ることができる。貝は、動きが遅くて害のない生物だと思われるかもしれない。しかし、これらはイモガイを記述する時に使える言葉ではない。イモガイは熱帯の大洋に棲んで、そこで魚、甲殻類とその他の餌を食っている。これらの餌は貝が捕まえるにはあまりにも動きが速いと思うだろう。しかし、彼らは絶対的にこれらの餌を捕まえることができる。彼らは尖端に毒液がついた高速の銛を通りかかった犠牲者に発射することで、それを行う。イモガイの毒液は人間に極めて致死的で、最も危険な毒液である可能性がある。実際、イモガイは五分以内で一人の人を殺すことができる。ある人々は、彼らをシガレット貝と呼ぶ。それはひとたび刺されれば、最後のシガレットを吸うのに十分な時間しかないからである。私は喫煙を許すものではないが、もしタバコを吸う人がイモガイに刺されたばかりなら、肺がんの可能性を増やすことなどほとんど問題にならないだろう。

イモガイ［原語ではコーン・スネイル］は、その側面に長い切れ目のあるコーン［円錐形］の形（そのためこの名前がついた）をしている。その切れ目から体が現れる。貝殻には複雑な模様のついた鮮やかな色がつく傾向があり、彼らをまったく美しくしている。一度、彼らの姿を知れば次に見間違えることはない。私は、イモガイによって殺される人々の多くは、それらが美しいために、それが何であるかを考えることなく、これを拾っただけだと想像する。あるいは恐らく、これらの犠牲者のあるものはイモガイの危険を知ってはいたが、ウエットスーツの手袋によって銛から護られると思った。しかし、これはクラゲが持つ数百万の微小な銛とは違って、はるかに大きく、イモガイの一本の銛は変形した歯でありウェットスーツを貫通するのに十分な大きさがある。

興味深いことには、イモガイの毒液にはほとんど痛みがない。それは、痛みを妨げる強力なタンパク質を含むからである。そのことが彼らを製薬会社にとって魅力的な動物にしている。おそらくイモガイは将来、依存性のない、モルヒネのような薬の代換物の開発に役立つだろう。そうは言っても、イモガイの中の痛みを妨げるタンパク質を見つけることは、ちょうど干し草の山から一本の針を探すような作業である。各種のイモガイはその毒液の成分として一〇〇〇以上の種類の異なるタンパク質を生産する。しかもこれらのタンパク質は五〇〇ものイモガイの種の間で変化している。実際、これらのタンパク質は一個体の貝の生存期間の間にも変化する[5]。

イモガイが人間を殺すことは稀である。それは多くの人は熱帯地域で夜に水中で長い時間を過ごすことがないからである。そうしたことをするような人は、通常イモガイに近寄るべきでないことを十分に知っている。彼らの異常な致死的毒液にもかかわらずイモガイはこれまで約三〇人の人々の死のために非難されてきた。その代わり、人々は地上に生きている生物によって、はるかに多く毒液に出会っているようである——それはクモのようなものである。

世界中には四万四〇〇〇種以上のクモがいて、彼らのほとんど全てが毒液を持っている[6]。しかし大部分のクモは人間を傷つけない。それは、彼らが防衛のためには咬まないのと、彼らの牙が人間の皮膚を刺し通すことができないからである。また、彼らの毒液は少量で、人間の体で化学的な反応を起こさない。人間に問題を起こすクモのうち、多くは短期間の痛みと咬まれた場所だけに腫れをもたらす。多くの場合、ものすごく評判は悪いが、クモについて心配する必要は全くない。しかし、とは言うものの、かなりの被害を与えることのできる少数のものがいて、その中のクモが実際に人間を殺している。[7] しかし、クモに咬まれて死ぬことは、全体的に見てあるかないか分からない位に稀である。人間を殺すというクモも、ほとんど死に至ることはない。

クモは、口の両側にある牙のどちらか一方から、毒液を出す。そして多くのクモの毒液は神経毒である。言いかえれば、それらは神経細胞に影響する化学物質である。神経細胞は人がものを考えることができるようにする脳の中にある細胞で、人間の脊髄を走り下り体中の神経に枝分かれしている。昆虫もまた神経細胞を持つ。そしてクモの毒液が標的としているのは、通常これらの昆虫の神経細胞である。昆虫の神経細胞への攻撃を意図しているこれらの毒液が、人間になんらかの影響を与えるかどうかは多くは運次第である。あるクモの毒素は人間に全く影響がない。しかし他のものは極めて影響する。

一個の神経細胞は長い細胞である。そのどちらかの端で枝分かれして、他の神経細胞の枝と相互作用している。一つの信号はある神経細胞の長さに沿ってその端に到達するまで旅をする。それを続けるには、その信号をもう一つの神経細胞へと通過させなければならない。最初の神経細胞は、その枝の尖端から小さい泡を放出することによって、その信号を通す。そして、これらの泡は神経伝達物質と呼ばれる化学物質で満たされている。神経伝達物質の泡は最初の神経細胞の枝と、次の神経細胞の枝を隔てる微小な空間を横切って浮かぶ。そして、ひとたびそれらが横切ると（その過程はミリ秒しかかからない。なぜならその距離が極めて短いからである）、受け取った神経細胞は発火［電気信号を出すこと］し、並んでいる次の神経細胞に向かって、その電気的な波をそれ自身の体の長さだけ流す。この全過程は想像できないほど速く行われ、神経細胞が適切に働いている場合にのみ起こる。

多くのクモの毒液は、神経細胞の電気的指令を制御する能力を取り除くことで、彼らの餌の神経細胞に影響する。これは神経細胞がその前の細胞から発火の信号を受け取る時、それを短絡するということを意味する。さまざまな毒液がそれぞれの方法でこれを成し遂げる。あるものは神経細胞がカリウムを漏らす方法で、別のものはナトリウムを、そしてまた他のものはカルシウムを漏らす。どの方法をとっても、これらは、ある細胞が興奮するようにできる。特定のクモの毒液は、その中に複数の毒素を持っていて、おのおのの毒素がそれぞれ異なる方法で神経細胞にダメージを与える。

その上、クモの毒液はしばしば腫れと痛みを引き起こす化学物質も含む。昆虫を意図した神経毒素とは異なり、この化学物質は、毒液をクモを傷つけることのできる、より大きい動物に対する防御のために特に効果的にしている――私達のような動物に対して。

人間に対して最も致死的なクモは約一・三から五センチのがっしりした牙を持っている黒い奴で、シドニージョウゴグモと呼ばれる。世界で他の場所にもジョウゴグモがいるが、これほど危険なものはまったくいない。しかし、シドニージョウゴグモは別格である。彼らは攻撃的で四五〇万人のいる大都市の周りに棲んでいる。（あなたは想像できないだろうが、これはオーストラリアのシドニー市である）彼らの毒液は特別にたちの悪い神経毒素を含み、それは神経細胞の中と外のナトリウムの移動を制御する能力を混乱させる。理由がなんであれ、この特別なクモの毒液は特に人間に強烈なダメージを与える。実際、シドニージョウゴグモの毒液はネコ、イヌ、ネズミといった、霊長類以外の哺乳類には何もしない。霊長類はオーストラリアの土着のものではないにもかかわらず、それは霊長類だけに影響する。

シドニージョウゴグモの毒液に対しては、今、アンティベニン［抗毒液剤］というものがある[8]。それは、数匹のシドニージョウゴグモから取った毒液によって作られた。まず、毒液をウサギに最初は少量、それからだんだん大量に注射する。時間をかけてウサギはその毒液に対する抗体を作りあげ、最終的にはウサギの血液は抗体で一杯になり、そのクモの毒液の中の神経毒素を特異的に攻撃するようになる。それからそのウサギの血清（基本的に赤血球を除いた血液）を取り出し瓶の中に貯める。後に、ある人がシドニージョウゴグモに咬まれた時に抗体の入ったウサギの血清を注射される。それは人間の免疫システムが神経毒素を壊すのを助け、クモの毒素を非致死性のものにする。これは見事な策略だった。一九八〇年にアンティベニンが作られて以来、シドニージョウゴグモによる一人の死者もない（このまま良いことが続きますように）。

多くの人々は、クモを気持ち悪いと思う。しかし、別の這うものが人々をもっと神経質にする。それはサソリである。サソリはクモに似た八本脚のクモ綱である（六本脚の昆虫と違って[9]）。クモのように、サソリもまた毒液を持っている。しかし口器を通して出す代わりに、サソリは誰でも知っているように、人を彼らの途方もない尾で刺す。

サソリは四億年以上、あまり変化せずに存在した。それは恐竜が現れるより前で、また、昆虫や私達自身の祖先も含まれる他の動物がまだ地上に現れる前である。今日生きている最大のサソリは二〇センチ以上の長さであるが、数百年前には約一メートルのサソリが歩きまわっていた。それにはジャイアントスコルピオ［巨人サソリ］と、ブロントスコルピオ［雷サソリ］という驚くべき名前を与えられていた（このような名前を持つ彼らが、恐ろしいテレビのホラー番組で作られたものではないことは信じがたい)。これらの動物は水の中に棲んでいたと考えられている。そこでは、浮力が彼らの巨大な体を支える助けになったであろう。それでもなお、これが存在したと想像するのは酔いがさめる思いである。

サソリには一五〇〇以上の種がいて、そのうち二五種位が人間を殺せる針を持っている。その数は少ないにもかかわらず、世界中でおよそ五〇〇〇人の人々が毎年サソリに刺されて死ぬ。ちなみに、この数を上回る人間を殺す毒液のある動物はハチとヘビである。

私が初めてサソリに出会ったのは、ベリーズでの修士論文のための野外調査の時であった。私は茅葺きの屋根の下のハンモックに横になっていた。その時、誰かが一匹のサソリが私の頭の上の壁を這っていると言った。私は飛び上がると、長い一対の棒切れを掴み、それを箸のように使って写真を撮れるように、そのサソリを恐る恐る太陽光の中に移した。私がシャッターを切ると、それはまず大きい防衛姿勢をとった。その尾を持ち上げ、写真にはおあつらえむけに這い上がった。しかし、それは突然に弱々しくなって死んだ。私は何がサソリを殺したのか分からなかった。しかし私は、それを、そこにいた他の生物学者に見せるために(棒切れで――私はそれに触ることになおも怯えていた)運んで行った。彼らの一人は、その腹部の構造を私に示すために、それをつまみあげた。それから私達が昼飯を食べる間、皆がそれを見るために、そのサソリをテーブルで回した。後に、私はそのサソリを自分で小屋に持ち帰り、このものを税関を通して自宅に持って帰るべきかどうかを決めようとした。その時、サソリは突然に生き返って私の腕から走り去った。私は悲鳴をあげた――悲鳴を。そしてそのサソリを空中でたたき落した。それは地面に落ち、それから、何事もなかったかのように平気で歩み去った。私は刺されなかった。しかし、今では、私はサソリが一回に三時間も死んだふりをすることがわかったので、彼らを二度と信じるべきでないことを知っている。

クモの毒液のように、多くのサソリの毒液は神経毒素である。そのため、凶悪なサソリによる一刺しで死ぬことはなくとも、麻痺、痙攣、そして心臓の動悸の原因となりうる。多くの毒液を出す生物のように、サソリは彼らの毒液を、一義的には狩りをする間、餌を抑制するために使う。しかしまた、捕食者から彼ら自身を守るためにも使う。多くの場合それはまったくよく効く。しかしサソリにとって不幸なことに、毒液は全ての捕食者にいつも効くとは限らない。その証拠として、青白コウモリ以上のものを見る必要はない。これはサソリを食べるように特殊化している。

青白コウモリと恋人たち

青白コウモリは黄白色をした立派なコウモリで、北アメリカ西部の砂漠にいる。その体重はスズメと同じ位であるが、それが飛んでいる所を見ると、より大きく見える。青白コウモリを見て最初に注目されるのは、大きくて美しい耳を持つことである。しかし、もっと近くから見ると、入り組んだ渦巻き状の鼻の穴を持っているのもわかるので、コウモリの中でも独特である。青白コウモリが狩りをする時、止まり木などに止まったまま、あるいは音も無く飛びながら、大きい昆虫かクモ類の足音を注意深く聴く。これらの音が聞こえるとコウモリはその地点の上を停空飛翔し、その反響定位で詳しく「見る」。それから、その餌を殺すために飛び降りる。もし、それがサソリであればコウモリが最初にするのは、その針をはぎ取ることである。しかし、素早くやらないと、コウモリが刺されてしまうこともある。サソリに刺されて傷ついたコウモリはいくらでもいる。ある研究者は一方の眼を失ったコウモリを捕らえたことがある。おそらく、サソリがうまい場所を刺したのであろう。青白コウモリは数日間、サソリだけを与えると、おいしそうに食べるようになるが、数日たつと彼らは熱中しなくなるように見える。サソリは食べるには硬い食べ物である。しかし青白コウモリは頑丈である。

私は青白コウモリを数回見たことがある。目撃した場所の多くは、テキサス州とカリフォルニア州の橋の下の割れ目である。しかし、青白コウモリについての私の最も素晴らしい記憶は、テキサス州のキャンプ場でシェルビーと一緒にすごした夜である。

私がシェルビーと初デートした二、三年後、私達は私の母と共に、コウモリと洞窟を見るために、テキサス州をまわる旅行をした。母はいつも、私が風変わりにもコウモリに魅惑されていることに理解があった。そしてある年、彼女は私に、この目でコウモリを見たいと言い出した。テキサス州はおあつらえむきの目的地であった。なぜならば、そこに私が〈暴食〉の章で論議した素晴らしいコウモリの洞窟が沢山あるからである。そこにはメキシコ自由尾コウモリが一杯いて、毎晩、全員が四時間は洞窟の外に姿をあらわす。そのうち私が好きなのは、メーソンの近くのイカート・ジェームズ・リバー・バットケーブ保護区である。私の母とシェルビーと私は、ここから見始めた。

私達がそのコウモリ洞窟を見たあと、私は彼らに、そこから四時間離れた一つの橋について話した。約十年前、その橋の下で青白コウモリが見られた。彼らがまだそこにいるかもしれない。そこで私達はドライブすることに決めた。

不幸にも、そのコウモリはその橋の下にはいなかった（私達はそのそばに完全なピューマの骨格が横たわっているのを発見し、それにはわくわくした）。その午後、私達は近くのバルモレア州立公園にあるキャンプ場までドライブしテントを張って夕食をとった。太陽が沈むと、私の母は自分のテントに眠りに行った。そして、シェルビーと私は野生動物を見るために遅い夕方の散歩に出た。私は南テキサスが好きだ。なぜなら、そこにはタランチュラから巨大ナナフシまで、あらゆる種類の生き物が見られるからである。そこにはエドモントン［カナダ、アルバート州の都市］で私が一緒に育った動物のようなものは全くいない。その夜、私達は一匹のサソリを見る幸運に恵まれた。ピューマの骨格、サソリ、その地域の一般的な美しさ。私達は二人の生物学者として持ちうる良い一日を送った。しかし、それはもっと良いものになったのだった。

シェルビーと私は夜遅くなるまで歩き続けた。最終的にキャンプ場の端の遊び場に到着した。そこで私達は止まり、砂の上に腰を下ろした。その時、私の博士課程の指導教官が一度教えてくれた策略を使って（彼は自身の博士論文の一部で青白コウモリを扱っていた）、指で砂をひっかいてみた。それは一匹のサソリが砂の中を歩く時に起こす音に極めて似た音を出すのだった。これは一匹の青白コウモリにとって、夕食のベルであった。

ほとんど瞬間的に、私の顔の正面で停空飛翔をする一匹のコウモリがあらわれた。

私には信じられなかった。

漆黒の闇であったけれども、私はそれを見るためにヘッドランプを点けることができなかった。そうすれば、おそらくコウモリを追い払うことを知っていたからである。そこで私は眼を暗闇に慣らし、その形を見分けようした。私ははっきりコウモリが翼を羽ばたくのを聞くことができた。しかし、それをかろうじて見ただけであった。コウモリは数秒停空飛翔し、それが現れたのとおなじように突然飛び去った。

私は直ちにもう一度やってみた。今度は確実だった。もう一匹のコウモリが現れた。初め、シェルビーと私は互いに前後してささやいた。「おお、神様！」と「これが本当に起こったなんて信じられる？」と。しかし間もなく私達は静かにして、この経験を共に楽しんだ。私達は最初一緒に座っていたが、それから砂の上に横たわった。手を組んで星を眺めた。そうして青白コウモリを私達の指の先で呼んだ。一匹のコウモリが興味を持って私達を見つけたのか、あるいは砂の中にサソリがいることを信ずるように私達がある群れ全体を次々とだましたのかは私には分からない。しかし、私達が見たコウモリの数がどうであろうと、それは完璧な夜であった。

実際、その暗い夜は私が最も愛する自然の姿の典型だった。そこには私がいて、野外で愛する女性と共に星空を背景に私の好きな生き物のシルエットを眺める。一方では、それは全く平和であった――静寂、涼しい風、新鮮な空気――しかし、他方では私は無防備ですきだらけで昆虫やサソリにとりまかれた暗闇の中、背を下に横たわっている。そして、さらにピューマがいることを私は知っていた。しかし、居心地の良い場所から私を連れ出すこうしたものこそが、その夜を特別なものにした大きな部分を占めていた。私から見れば、これらの恐ろしい動物は自然が生命をもたらしたものである。私が、私を傷つける動物に取り囲まれているのを知ることは、自然が弱くも受け身でもないことを私に気づかせる。それは私に自然界への尊敬の念を抱かせる。

私が一人で自然の中で過ごす多くの経験とは違って、その夜はシェルビーと私が二人でいた特別な夜であった。そのような経験を分かち合えたことは、その環境の中の生き物の敵意と、私達二人が作り上げた関係とが並びあったのと共に、私達の両方にとって素晴らしかった。怒りの背景に対して、シェルビーと私が分け合う優しさ、愛すること、そして辛抱強い愛情がより明らかだったのだ。

シュミットによる「痛み指標」

自然の怒りは、私が自然を美しいものと考える大きな部分を占める。しかし私の詩的な考えは、そこにいる動物のいかなるものをも悪く言うことを意味しない。その怒りは、日々、それを振り回す動物の成功を招くために存在する。テキサスの在来種の、毒液を持つヒアリはその完全な実例である。[10] 私は二ミリグラムのヒアリの、約五〇〇〇万倍もの重さがある。しかし、一匹のヒアリが私に対して行うことはひどい。一匹の個体の咬みは私の皮膚にみみずばれを起こし、それは数日続く。しかし、それが彼らについて私が怖がることではない。それは、ある人が一匹のヒアリに咬まれることは決してないからである。ヒアリ達は多くのアリのように、集団で彼らの怒りを発揮するのが常なのだ。

もしある人がサンダルを履いて、偶然ヒアリの群れの上に立った時、彼らはすぐにその人の所に来るだろう。しかし彼らはその最初の瞬間には咬むことはない。その代わり、彼らは敵の縄張りに侵入する――その人の脚に何百と這い上がる。彼らの小さい体のために、ほとんど目立たないが、その人はまもなく気がつく。それは最終的に、これらのアリの一匹がその人を咬むからである。そして、そうしながら空中にある臭いの化学物質を放出する。それは皆が咬むための信号となる。近くのアリ達が咬むと彼らは同じ臭いの化学物質を放出する。それが続く。それだけではない。おのおののアリは何回も咬むことができる。その結果、一分間はその人は何も感じないが、それから突然に脚の約六・五平方センチはただちに燃え上がる。もし、彼らがその人の衣服に深く入り込んだらパンツをすぐに降ろして、そこからアリを立ち去らせる必要がある。いかにそれが社会的にぶざまであろうと選択の余地はない。

アリが去ったあとの咬み跡はすこし痒く、うっとうしい。しかしそのあと二、三日で、痒みはひどくなり、一日か二日後に咬み跡は膿を持ったみみずばれになり、それを残したアリより大きくなる。

ヒアリはむかつく。

アリの咬み跡は痛いが、それはアリが彼らの毒液の中に、ある酸を持っているからである。それはフォルミックアシド［蟻酸］と呼ばれる。それはアリの学名、フォルミカから来ている。チームとして働きながら彼らの敵に蟻酸を注入するアリ達は、世界中で繁栄しており、一万二〇〇〇種以上がいる。[11]地球上を歩きまわっているアリ個体の数はほとんど底知れない。生物学者達が見事に推定した所では、もしアマゾンの熱帯雨林の中で、全ての種類の単一の陸上動物を同じ時に天秤に載せたら、その重さの約三分の一はアリとシロアリからなるであろう。それは少し奇妙なことのように思われるが、これは、どれだけのアリがいるかを納得させるものである。

アマゾンのアリの種の一つに、その大きさからサシハリアリ［原語では弾丸アリ］と呼ばれるアリがいる。それが約二・五センチで、おおよそ弾丸の大きさだからそう呼ばれるのか、それが人を刺した時に射撃されたように感じるからなのか、私は知らない。いずれにしても、シェルビーが彼女の博士論文のためにブラジルアマゾンで野外研究をしていた時、その地方の人が、しばしばサシハリアリについて警告した。彼らはアリ達に別の名前をつけている。ビンテ・エ・クアトロ、あるいは「二四」——明らかに、それは、人がこのアリに刺されたあとに予想される、焼けるような痛みの時間の長さである。

アマゾンの土着の種族の一つに、サテレ-マウエと呼ばれる人達がいる。彼らはサシハリアリを男性の通過儀礼で使う。ツカンデイラと呼ばれる儀式の間、若い男は彼の手を一対の儀式用の手袋に入れる。その手袋は葉で編まれた巨大な鍋つかみのように見える。それぞれの手袋は三〇〇匹ものサシハリアリで満たされている。そして男は数分間の間、彼が儀礼的なダンスをしている間、自分の手をそこに入れたままにしなければならない。サシハリアリに刺されたあと、その痛みが次第にひどくなり数時間後にクライマックスに達する。儀式は彼らの手がその手袋からひき出されたあとも何時間もつづく。この儀式は男が十二歳になった頃に始まる。そして一人の男の生涯に二五回以上も繰り返される。アマゾンの中心部、マナウスの郊外の土着の種族は、この儀式を旅行者の前で行うことによって金をもらう。私は個人的には旅行者が代わりにこの儀式を行うべきだと思う。

サシハリアリに刺されるのが昆虫のうちで最も痛いということは、明らかな事実である。しかし、勿論それを本当に知る唯一の方法は、外に出て、できる限り多くのさまざまの種類の昆虫に刺されることである。そしてもしある人が、それほどでもないだろうと思うなら、その人は明らかに昆虫学者と十分な時間を過ごしていないことになる。

ジャスティン・シュミットは、アリとその近縁のスズメバチとハチを研究している。これら三つの昆虫のグループはまとめると、ハチ目と呼ばれる。そしてもし、アリ、スズメバチ、ハチに有名な一つのことがあるとしたら彼らは刺すということである。これらの昆虫を研究する過程で、シュミット博士は何回も刺された。しかしそれについて大声で罵る代わりに、彼はそれぞれに刺された痛みが、どう感じるかを記録している。彼の研究の結果がシュミット痛み指標である。

シュミット痛み指標は、さまざまなハチ目の刺しが、どれほど痛いかを記録した得点の表である。それは一から四まであって、四が一番痛い。シュミット痛み指標の最良の部分は、ある刺しについて、人がワインを記録するようなやり方で記録されるということである。例えば、得点一のコハナバチは「軽い、つかの間でほとんど甘美。小さな刺激はあなたの腕の上の一本の髪の毛を焦がすようだ」。〈暴食〉の章から思い出されるかもしれない、ブルズホーンアカシアアリは得点二で「まれに刺し通し、高まる種類の痛み。ある人は頬に留め金を発射されたように感ずる」とある。得点四のハチ目が二、三いて、サシハリアリはその一つである。それは「純粋の、強い、目覚ましい痛み。あなたのかかとに約七・五センチの釘をつけて燃えた石炭の上を歩くようだ」と記述されている。

シュミット博士は変わり者ではない。彼は皆から尊敬される科学者である。こうした、実際に刺される経験を喜んですることは、彼が研究課題についていかに情熱的であるかを示している。しかし、彼がイモガイの研究をしなかったのは良いことであった。

シュミットは彼の指標についてのインタービューで、サシハリアリの痛みは全ての中で最悪であると言っている。しかしシュミット痛み指標は印象深い七八種を含んでいるけれども、ハチ目の一一万七〇〇〇種の全てをカバーするにはちょっと少ない。そこで、サシハリアリが、いかなる昆虫のうちでも最も痛く咬むことは良いとして、誰か他の昆虫学者がその後に名前をつけた指標が手に入れられる、明らかな痛みの世界がある。

その世界への良い出発点の一つが巨大な約三・七センチの長さのアリ、ブラジルのダイノポネラ・ギガンテアである。シュミットの指標にはないが、サシハリアリよりもっと痛いかもしれない。二〇〇五年、一つの医学的レポートが六十四歳の男性がダイノポネラ・ギガンテアに刺された時の、信じられないほどの痛み（彼は腎臓結石が通る時よりもっと強いと言った）、冷や汗、吐き気、一回の嘔吐、不整脈を記載している。三時間後には大量の血の混じった大便が出た。アリに刺されるまで、彼にそのような問題はまったくなかった。私はこのアリはサシハリアリと激しい接戦を繰り広げるのではないかと思う（しかし、私は彼らを比較するために実験をうけおう人になりたいとは思わない）。

一匹のアリが一回刺したことで、血便が出るということと同じ位印象的なものとして、実際に人を殺すようなハチ目はいない。ある人々はヒアリやミツバチへのアレルギーを持つ。そのためこれらの刺しが致死的でありうるという混乱がある。しかし、もしアレルギー反応を数えなければハチ目は多くは刺されて痛いだけである。実際、クラゲ、イモガイ、クモ、そしてハチ目を加えても、最大の殺し屋からうける人間の死の数に並ぶものはない。ここまで、私がこの章にこれまで取りあげた毒液を出す生き物のどれ一つとして人間の個体群にわずかな影響を及ぼすものはない。しかし、全ての毒液のある動物のうちで最も致死的なものを考える時それは変わる。ヘビである。

バラエティ豊富なヘビの毒

世界にいるおよそ三四〇〇種のヘビのうち、二、三〇〇種が毒液を出す。これらの毒液を出すヘビの大部分は哺乳類を食う。私達はこれらの毒液を出すヘビが食う哺乳類ではないけれども、私達はそのヘビが食う哺乳類とよく似ているので、その毒液はしばしば私達にもまた致死的である。ヘビは、相手に見つかることなく、素早く攻撃することができる。

いかに多くの人々が毒のあるヘビによって殺されているか、その数は衝撃的である。その死のほとんどは貧しい国々で起こる。そこでは人々は靴など履かずに畑で働く。また、そこには十分な医療施設がない。正確な死者の数を知ることは難しい。なぜなら、これらの地域の記録は世界の他の場所のようには十分には残されていないからである。しかし、その数の把握の目安として、バングラデシュ一国だけでヘビに咬まれて死んだ人の数は、一年におよそ六〇〇〇人である。世界中では、その数は一年に二万人から一二万五〇〇〇人の間と推定されている。

他の毒液を出す動物同様、さまざまな種類のヘビの毒液は、いろいろな方法で働く。ある特定のヘビの毒液は異なる種類の分子の混合物である。あるヘビの毒液は、単にそれが接触した細胞だけを殺す。そのため腫れと水ぶくれをもたらし、最終的には肉が黒色に変わって、死ぬ。脚の一本が足首から腰まで全体的に、皮膚とその下にある肉まで化学的に食われてしまうことを想像してください。これは、唾吐きコブラに咬まれた時に起こることである。そして、それほど傷つけない咬みの場合でも、傷つけられた所に強い痛みを感じさせる。

他のヘビ毒液は心臓血管系を冒す。あるものは血圧の突然の低下をもたらす。一方他のものはまったくその反対に、心臓のまわりの動脈を圧搾し、酸素不足の為に心臓が正しく鼓動しないようにする。他のものは血液それ自身に影響する。アメリカマムシの毒液の場合のように、それらは血液の凝固を妨げる。あるいは、フェルドランス［毒マムシの一種］のように、人の内部の血液をジェロ［JELL-O：食用ゼラチンの商品名］のように固める。

その他、神経毒素の毒液を出すヘビがいる。以前に私達がクモの毒液について話していた時、私は人の体の中の神経伝達物質の化学物質についてとりあげた。これにより人の神経細胞は他の神経細胞に情報を送っている。ヘビの神経毒素は、その過程を壊す二つの異なる方法を持っている。それらの一方のものは永久的で、他のものは一時的である。この違いはまったく単純である。それは神経毒素が神経伝達物質を送る神経細胞に影響するか、それを受ける神経細胞に影響するかによる。

あるヘビの神経毒素液は「送る」神経細胞の、神経伝達物質の分子を送る部分を破壊することによってこれを妨害する。この種の神経毒素によって起こる障害は、神経細胞が決して回復しないので永久的である。これがタイパンとマムシのようなヘビがすることである。他のヘビの毒液は「受ける」神経細胞を妨害する。その受容体の尖端に居座ることによって、他の神経細胞から到着するいかなる神経伝達物質も物理的に妨害する。この二番目のタイプの神経毒素は、人間の免疫システムによってその毒液が壊れて立ち去るまでの間持続する。ひとたび、それが去れば神経細胞は再び互いに話し合うことができる。このことから、もしある人が、その種のヘビによって咬まれた時、治療法に通じている医療チームが対処すれば、犠牲者を死の扉から連れ戻すことができる。

例えば、アマガサヘビの毒液は全身の麻痺を引き起こす神経毒素を含む。咬まれた人は、まずは随意筋を動かす能力を失う。しかし、間もなく、肺のまわりの筋肉も働きを止める。それはもはや空気が肺に来ないことを意味する。犠牲者が酸素不足から死ぬまでは長くない。しかしながら、アマガサヘビの神経毒素には二番目の可逆的なタイプがあり、適切な医療処置を受けることができた犠牲者には希望がある。もし麻痺している間、その人の肺に空気が送り込まれるならば酸素不足が起こらず、永久的な障害も生じない。医療スタッフが患者に「呼吸」を維持する限り、患者は二、三日でアマガサヘビの咬みによる全身麻痺から完全に回復することができる。

ヘビの毒液は人間にあまりによく効くので、それらは私達を傷つけるためにそこにあるのではない、ということを容易に忘れる。ヘビの毒液は第一に、ヘビが彼らの餌を制圧するのを助けるためにそこにある。とにかく彼らは何の武器も持たず、通常彼らよりもはるかに速く動くことができる他の動物を狩るような動物である。ガラガラヘビのような動物が、シマリスのように速い生き物を捕まえることができるのはまったく信じがたい。しかし、リスにとっては幸運なことに、ガラガラヘビは毎年、二、三回狩りに成功するにすぎない。

一匹のガラガラヘビが狩りをする時、シマリスのような小さい哺乳類が道として使った森の中の地点を見つけるために、優れた臭覚を使う。どんな動物にとっても、四時間前にシマリスの足の裏から出た臭いを、枝の上に嗅ぎつけることは容易ではないだろう。しかし、そのようなことはガラガラヘビにはお手の物だ。事実それが、彼らが叉になった舌を持っている理由である。その舌を出して森の中のいろいろな場所に触り、空気中に自由に浮かぶには重すぎる化学物質を取りあげる。それから彼は舌を口の中に戻し、口の上顎にある感覚器官に触る。それは人が空港のセキュリティを通過する時に、係官がその人のバッグを小さい布で拭き取って化学分析器に入れるのに似ている。ひとたび、そのヘビが哺乳類の足跡の化学的残留物を検出すると、立ち止まり、その場でとぐろになって待つ。

待機は数夜も続くことがある。しかしヘビは辛抱強い。彼らは冷血動物である。そのため、彼らはエネルギーをゆっくりと使う。一匹のシマリスが遂に通りかかった瞬間そのヘビは飛びかかって、中空の牙で小さい哺乳類を刺し毒液を注入する。それから、直ちにその動物を放す。もがくシマリスを捕まえるという考えはない。なぜならば、それは自衛のために咬んだからである。もしその攻撃が成功すれば、シマリスはいずれ二分後には死ぬ。シマリスが走り去ると、ヘビはゆっくりと新鮮な足跡の臭いを追う。まもなく、ヘビはその臭いの追跡の最後に死んだシマリスに達する。そしてその獲物を食う作業にとりかかる。毒液なしにはヘビは何も出来ない。毒液は消化液としても働く。シマリスはヘビがそれを食う前から分解を始め、ヘビが数週間で消化を完結することを容易にする。

一匹のガラガラヘビの毒液が一匹のシマリスに入ると、まず、それは血管で働き始める。瞬間的に、咬まれた所に近い毛細血管と小さい血管から、血液が制御できないやり方で周りの組織に漏れ始まる。その結果、腫れ、水ぶくれ、そしてその組織の化学成分への全体的分解が起こる。毒液は血流によって運ばれるので、これらの問題は体の他の部分に広がる。その中には心臓も含まれる。

一人の人が不幸にも、丸太をまたいで、とぐろを巻いたガラガラヘビを踏みつけると、その動物は自衛のために攻撃するであろう。もしかすると、良いニュースなのかもしれないのは、ガラガラヘビのおよそ半分の人間への攻撃的咬みは「乾いた咬み」である。それは毒液を注入しない。乾いた咬みでも傷はつく。

というのは一対の短剣が人の皮膚を突き通すからである。しかし、少なくともその人は筋肉組織を化学的に破壊されるという猛襲を蒙らない。ガラガラヘビは、まさに人間を立ち去らせようとして、これらの乾いた咬みを加える。彼らが人間を殺すかどうかはヘビの実際上の問題ではない。そこで、全ての物事の結果が同じなら、毒液をそれが必要な時のために節約する方がより良いのである[12]。

私にとってヘビに咬まれた時に最も恐ろしいのは、最初のヘビの咬みが乾いたものかそうでないかがわからないことである。それがわかる唯一の方法は、症状が出るのを待つほかない。もし幸運なら、咬み傷は膨れ、深い穴の傷のように痛くなる。しかし、ある人がそれほど幸運でなければ、次に起こることはヘビが別の方法で咬んだか、いかに多くの毒液が加えられたか、そして、アンティベニンに接したかどうか、にかかっている。もしそれが一匹のガラガラヘビであれば、そして不幸にも「湿った咬み」を受けたならば、それでもなお、その人はおそらく生きるだろう。急速な組織の破壊により咬まれた場所のまわりの皮膚と筋肉に永久的な傷害を与えるであろう。しかしガラガラヘビの毒液は人間には非致死的である……少なくとも多くの場合は。

私は、人々が母なる自然が人間を世話すると信じたいと望んでいることは理解する。しかし彼らのその考え方を、クラゲ、イモガイ、クモ、サソリ、ハチ、スズメバチ、そしてヘビの存在といかにして和解させることができるだろうか？　それらは毒を使う、ムカデ、アカエイ、カサゴ、トカゲ、カモノハシ、トガリネズミ、甲虫、ムシも同じだ。もし母なる自然がそれほど優しいのならば、何故、こんなにも多くの毒液を出す生き物がそこにいるのだろうか。そして何故、それほど多くの毒液が犠牲者の痛みを増す以外何ものでもない化学物質を含んでいるのだろうか？

ある人は、毒液は科学者が薬を開発するのに役立つように、多くの有用な化学物質を提供するのだと主張するだろう。それは全く真実であるが、私は自然が何故そこにそれらを置いたかを偽るための、引き延ばしであると思う。事実は、私達人間が一つの種として繁栄するために、自然の、人間にとって有利な点を取ることを学ばなければならないということである。私達が、人間のための奉仕者ではなかった植物や動物を食べるのとちょうど同じように、私達は動物達が私達に対して使う毒液を遠ざけなければならない。科学を通じて私達はアンティベニンを作り出し、これらの毒液をあまり致死的でないものにすることができた。しかし、もっと素晴らしいことには、毒液を使って、私達がこれまで到達できなかった体の深部への通路を作れるようになる。もし痛みを遮断する薬を作ろうとするなら、イモガイの毒液が何をするかを見ればよい。もし一時的に神経を遮断する薬を作りたいなら、なぜヘビの毒液を検討しないのだろう？毒液は私達の体の中にある何百万もの分子装置の錠を開ける鍵を提供する。毒液を使って私達は健康長寿を助ける薬を作りつつある。自然は私達を世話などはしない。彼女は私達を殺そうとする。そして私達は私達自身の世話をするのだ。

叩かれても叩かれても生き延びる

動物達は他の動物達を殺す。そして彼らが、しばしばそれをする時に痛みを加えることは疑問の余地がない。それが物理的虐待か化学的虐待かによらず、動物達は毎日互いに叩き合っている。しかし自然界の怒りは傷、激しい苦痛、あるいは個体を殺すという規模で起こるだけではない。怒りはそれよりはるかに大きい規模で起こる。自然の怒りは、大した考えもなく、一時に全種あるいは種のグループさえも全滅させるのに十分なほど強い。

人々が絶滅に言及する時はいつでも、恐竜について考える。しかし、恐竜についてこっけいなのは、彼らが実際は絶滅していなかったということである。六千五百万年前に一つの出来事があった。それは白亜紀が古第三紀から離れる時点のことである。地質学的時間では、白亜紀-古第三紀境界あるいはK-Pg境界と呼ばれる。この時、ほとんど全ての恐竜は消滅した。しかしわずかのものが生存した。実際、彼らの子孫は今日でも生きている。そして人はいつでも彼らを見ている。これらの子孫は鳥である。そして、全ての鳥は恐竜の直接の子孫であることから、定義上の鳥もまた恐竜なのである（もし私を信じないのなら、ニワトリが走る所をよく見てください。そして映画『ジュラシック・パーク』から、それがヴェロキラプトル［小型恐竜の一種］のように見えないか、私に話してください）。

恐竜は絶滅しなかったので、古生物学者は常に、K-Pg境界で死滅したグループを「鳥でない恐竜」と注意深く呼ぶ。彼らは「鳥以外の全ての恐竜」という言い方をする。

K-Pg境界の絶滅は、ティラノサウルスやトリケラトプスのようなカリスマ的な動物を全滅させたが、鳥でない恐竜は消滅した唯一のものではない。翼竜と呼ばれる、飛ぶ爬虫類もそうである（彼らは厳密には恐竜ではなかった）。それはネス湖の怪物（これもまた恐竜ではない）のように見える、大きい泳ぐ爬虫類や、他の植物と動物の全群がそうであったと同様である。地球上の全ての種のおよそ七〇から七五パーセントが消滅した。

K-Pg絶滅の事件は、巨大な隕石がユカタン半島、現在メキシコのメリダに近い所に衝突した時に始まったという説が有力だ。それはいかに大きかったのか？　その火球を二〇一三年二月のロシア、チェリャビンスク上空に照り輝いた火球と比較して考えてみよう。その時の隕石は直径約一三・五メートルであった。――それが空で燃えた時、太陽よりも明るく輝く閃光を発した。そして建物の壁やシャッターのある窓を壊すに十分な、強力な衝撃波を送った。そして一〇〇〇人以上の人を傷つけた。いろいろな大きさの岩が毎年私達の大気の中にびゅんびゅん飛んでくる。しかし、チェリャビンスク隕石は過去の世紀に地球上で見られた最大のものである。

　前述の隕石が鳥でない恐竜を全滅させたのだろうか？　いや、チェリャビンスクよりはわずかばかり大きかった。それは直径約二〇〇キロの隕石孔を残した。これは、隕石そのものは恐らく直径約九・六キロであったことを意味する。九・六キロ！　それはチェリャビンスク隕石の五〇〇倍以上の幅があり、二億倍以上重いものであったろう。

　その衝撃が起こった時、その真下にいた動物達は火球によって蒸発したであろう。そして、近くにいたものは衝撃のあった場所からひろがった、山火事と大津波によって殺されたであろう。しかし、地球的規模での問題は、その数ヶ月後にやってきた。衝撃によって大気中に埃が舞い上がり、太陽光と、太陽光から植物によって利用されるべきエネルギーが遮断された（〈暴食〉の章から思い出されるように）。この砕片はエネルギーの流れを、植物だけでなく動物にもさえぎった。数ヶ月あるいは数年後、埃が納まる時までに地球上の種の大部分が死んだ。

　K-Pg境界における隕石のような事件も、自然の一部である。もっと小さい規模の地震、津波、ハリケーン、大竜巻、大吹雪のような出来事は私達の生涯でも見られてきた。

自然災害が起こった時、動物達が死ぬ。そしてその出来事が十分に大きい時には、ある種の全体、あるいは複数の種が消滅しうる。こうした全滅はいかに生命が私達の惑星で進化してきたかの重要な要因となる。その一つとして、鳥でない恐竜がいなくなったおかげで、哺乳類がウマ、コウモリ、そしてヒト上科［尾の短いサル］のようなものになることが出来た。もし、あの隕石が落ちてこなかったら、またもし、鳥以外の恐竜の死が起きていなかったら人間は存在しなかったろう。同じ根拠で人間は確実にいつの日か私達自身の消滅を経験するであろう。それが自然の成り行きである。

K‐Pg境界での大量絶滅は地球の歴史の中での唯一のものではない。実際、それは最大のものでさえない。恐竜がかつて存在したよりも前、二億五千百万年前に、地球上の全ての種の九五パーセントが死ぬ絶滅があった（それは驚くべきことではない）。その大絶滅はペルム紀と三畳紀の間にあり、ペルム紀‐三畳紀境界あるいはP‐Tr境界と呼ばれる。他の人は、それを大絶滅と呼ぶ。ほとんど全ての植物種、昆虫、魚、両生類、そして爬虫類が消滅した。その中にはクマのように大きい、爬虫類も含まれていた。生き残った全てのものは、以前から存在した生物多様性の小さい小片であった。

P‐Tr絶滅は現在のシベリアの巨大火山によって引き金が引かれたと見える。火山はそれほどの脅威のようには思われないが、私達は溶岩が丘陵の斜面を流れ下ることについて話しているのではない。私達は火山の大きい広野について話しているのだ。それは、大量の溶岩を放出し最終的には約四一四万平方キロを覆う――アメリカ本土の面積の約半分。溶岩はその火山のそばにいた動物を死滅させた。そして、出てきたガスが世界中に破壊をもたらした。それらは滝のような環境変化の引き金となった。そこで地上と大洋の中の動物達は全く動けなくなった。――有毒ガス、水中酸素濃度の急激な低下、約六℃の気温上昇による、急激な地球的温暖化。それが、どんなに悪いものか、ある例を示そう。ある場所では土が完全に無くなった。残されたむきだしの岩にくっついていたカビと他の菌類以外、そこにかつて生きていた全てのものが死滅した。ところが、その大虐殺の規模にもかかわらず、二、三の生き物がうまいこと生存した。そして、二、三百万年後、彼らの子孫はかつて死んだ生物の役割を満たすまで進化した。これらの新しい生物は、例えば恐竜である。

K-PgとP-Tr絶滅は最も知られている大量絶滅である。なぜならば、これらの出来事の化石が山ほどあるからである。しかし、もう一つの他の絶滅があり、多くの専門家はそれがさらに破滅的なものであったと信じている。それは他のものより少し謎に包まれている。それは、あまりにも昔に起こったため、生きていた全ての物が単細胞だったからである。そして、単細胞生物の化石は極めて似ているので、どの種が生き残り、どれが生き残らなかったかを正確に言うことができない。しかし、これは私達に特別の関連を持つ絶滅である。なぜなら、隕石と火山によって起こったK-PgとP-Tr絶滅と違って、初期の絶滅は他ならぬ生き物によって起こったからである。

それは二十四億年前に起こった。そしてそれは圧倒的なものであった。地球上の全ての形の生命が、有毒ガスによって殺された。その有毒ガスは以前から微量に地球上に存在していた。しかし突然、それは一〇〇〇倍以上の濃度に増加し地上と海中に死をもたらした。そのガスは酸素である。これは藻類から出てきた。酸素は彼らが身につけた新しい策略である、光合成からの廃棄物だった。その大絶滅の名前は「偉大な酸素化イベント」である。

酸素を有毒ガスと考えるのは難しいかもしれない。しかし多くの生き物にとってはそうだったのである。

実際、有毒という言葉は正当ではない。酸素は恐ろしい。そして、その世界の中で生きるためには、ある分子防衛の兵器庫がすぐ使える状態で必要となる。

酸素は電子が好きである。そして電子が近くにあれば、どんな物からでもそれを盗む。鉄が錆びるのは酸素が鉄から電子を盗むからである。木片が燃えるのを見る時、そのまわりの酸素が木片から電子を引き放して、エネルギーを熱と光として放出するのを見ているのである。(これが、火が酸素を必要とする理由である)。私達の体が糖を分解する時、私達はエネルギーを利用するため複雑な分子装置を用いて、私達が呼吸した酸素が、消費する糖の電子を引き放しているのである。

生き物は二十六億年前には、この種の分子装置を持っていなかった。そこで酸素が彼らの体に侵入した時、彼らは生きながら腐食された。酸素は初期の藻類から発生したが、彼らは生存のためにそのベストを尽くした。その結果、彼らの体から酸素がくみ出されることとなった。これが地球上の他の生物のための生命のルールを変える結果となった。それまで大部分の生物は、メタンのようなガスをうまく呼吸してきた。しかし、偉大な酸素化イベントの後では、酸素と戦うか、死ぬかのどちらかの道しかなかった[13]。

今日、酸素は大気の二〇パーセント以上を占める。そして動物達は酸素の不安定さを有利に使っている。メタンを呼吸していた時に比べて、酸素によってほぼ二〇倍のエネルギーを得ることができる。そこで、偉大な酸素化イベントが良いことであったという主張について、振り返ってみよう。それは地球が私達のために用意したことではない。人間が酸素を呼吸するのは、私達がそのように進化したからである。私達は私達に配られたカードで遊んでいるだけなのである[14]。

自然の怒りは、ガラガラヘビによって咬まれた一人の人が蒙った痛みを乗り越えて進む。再三再四、生き物は地球の表面から払いのけられたが、新しい形の生命が再び誕生してきた。私が述べた、三つの絶滅は全て、怒りが自然に内在していることを思い出させる。しかし、それにもかかわらず、生命が続いて行くことを思い出させるものでもある。サムあるいは彼のDNA、あるいはこの惑星の上のいかなる生き物について、永久なものはない。DNAは生体ロボットを造りながら掻き回され、これらの生体ロボットは運命の気まぐれに直面しても生き延びるために彼らの最善を尽くす。時にはルールが突然に変わる。しかし、世の中はこういうものである。

ある時、この惑星の上で太陽の中での時を楽しんだ私達以前の他の種のように、私達の地球での日は数えるほどである。最初の酸素の雲に直面した時に、メタンを呼吸していた細胞には何の落ち度もなかった。彼らは不幸であっただけである。わがままな惑星が無かったならば、翼竜も今日まで生き延びていたかもしれない。人間にも違いはない。不運の一撃がある日私達を一本のタバコのように消すであろう。実際、核のメルトダウン、戦争、急速な気候変動といった不運は、私達自身の脳が生みだしたものである。それはその他の絶滅で起こったことと同等である。私達はこの前の世紀に多くの動物達を消滅させた。その中にはフクロオオカミ、リョコウバト、カリブモンクアザラシが含まれている。おそらく、私達がこの時期において、隕石の役割を演じつつあるということができるであろう。

私は人間が世界中の動物を圧倒的に衰退させ、絶滅に直面させている原因となっていることを見いだす。しかし私は、たとえどんなに悪くとも、私達はこの世界を破滅させ、何か新しい違う物にして、繁栄するということを知ることで、ひとかけらの慰めを得る。地球はこれら他の災害から立ち直る。私達は私達が殺した動物を再び得ることは決して無いだろう。しかし、一千万年後、世界はこれまで起こったことのないものに見えるに違いない。

私達人間が自身のＤＮＡの時間スケールに従った運命を、いかに扱うかは魅惑的なことである。私達は自身と私達の子どもをどんなコストを払ってでも防衛する。しかし、私達がこれから先、二、三世代を考える時、私達は不便を感じることをそれほど厭わないであろう。それは道理にかなっている。私達のＤＮＡは現在を生きるようにプログラムされている。——私達と同じ時間に地球上にいる私達の子孫を防衛するように。私達のＤＮＡは一世紀先にどんな気候的変化が起こるか、あるいは、魚の乱獲、あるいは住まいが無くなるようなことは考えられない。環境を守ることは全ての人間にとって、もちろん自分自身のＤＮＡにとっても利益になる。そのことは私達自身のＤＮＡの利己的な競争に有利性を与えるものではないので、私達のＤＮＡの仕事に記述されているものではない。私達の本能は、私達の種が今この惑星にふるっているような力を統御するようには作られていない。自然は私達をそれほど長く、乱暴にもてあそんできた。おそらく、今、私達が自然に対してこれほど乱暴であることは驚くにあたらない。

確かに私は、サムがクロサイのいない世界で、彼自身の子どもを育てなければならないことを望まない。しかし、それはこれから起こりそうなことである。[15] けれども、私がそのことを心配することは贅沢である。なぜならば、私は今年、毒液のあるヘビに咬まれて、子を失った両親ではなかったという有利な条件にいるからである。私はただ、長い時間の結果についてのみ考える。それは、私のＤＮＡが短期間のニーズに適合しているからである。もし私達が世界中の人々に、そこに生きている価値があると思う植物と動物の保存を頼もうとするならば、それは自然の怒りから逃れようとする人間を初めて助けることになる。

(1) 一九七〇年代からシャチが二つのグループに適合していることが知られている。「定住型」シャチは魚を食う。そして「移行型」シャチは海洋哺乳類を食う。しかし、最近、サメを食うシャチが広い大洋で記録された。これらのシャチが第三の新たなグループか、それとも彼らが、なお二種類の一種の分派なのかはまだわかっていない。

(2) 一度、小群のシャチがとても大きいクジラを殺したことがある。彼らは、食べられる以上の食物を持っている。アラスカではシャチは時には巨大な死骸を浜の近くに保存する。冷たい海水が冷蔵庫のような働きをする。そして、シャチは食べ残しに数日間繰り返し戻ってきた。

(3) 私はホエール・ウオッチングをした時に、その「殺し屋クジラ」が、この動物のための名前としては、もはや受け入れられなくなっていると聞かされた。そして、野生のシャチは人間を狩ることはないという事実を反映した、「オルカ」[動物分類学上の種名] という名前が好まれていた。私はその名前が彼らを美しくするためには好都合だと思う(全てが人間的である必要はない)。

(4) カツオノエボシ [原名は「ポルトガル戦争人」] はその名前を、ぶらさがった触手の上の、船のような空気で満たされた浮き袋で水の上に浮かんでいる所からつけられた(「戦争人」は十六世紀から十九世紀に用いられた戦艦の一タイプである)。その浮き袋で、このクラゲは大洋の潮流に加えて風によっても動き回る。

(5) これらのタンパク質の僅か〇・一パーセントが分析されてきた。それは私達にとって彼らが何をするかの手がかりを得るには十分である。

(6) ニューヨークのアメリカ自然史博物館にいる、ノーマン・プラトニックという名前のクモ学者(クモ専門家)は、科学上で知られた全てのクモのオンラインデータベースを持っている。私が最近調べた所、四万四〇三二種がリストにあげられていた。しかし、そのクモの種のリストには、その四倍のものがまだ記録されていない。

(7) 特に致死的なクモは、オーストラリアジョウゴグモ、南アメリカ武装グモ(バナナグモとも呼ばれる)、そして幾つかの大陸にわたって見いだされるイトグモとゴケグモである。

(8) 明らかにアンティベニンという言葉はアンティベノムと呼ばれるべきである［毒液の原語はベノム］。わかっています。それも、私には違和感がある。しかし、もしそう言いたいのなら、「アンティベニン」と言えば良い。

(9) クモ綱はクモ（クモ目）、サソリ（サソリ目）、ダニ（ダニ目）とその他のあまりよく知られていない一群を含む八本脚の動物である。個人的には、私はオナシサソリモドキ（ウデムシ目）と、いわゆるラクダグモ（ヒヨケムシ目）がきわめて気持ちが悪い。それは恐らく、私が初めてこれらの動物に出会った時に、そういう動物がいるということを知らなかったからであろう。また、彼らの両方とも、デヴィッド・クローネンバーグ［ボディ・ホラー（体が変形したり破裂したりする）映画の脚本家、監督］によって考え出されたものに似た口器を持っていたからであろう。

(10) ヒアリは実際にアメリカ南部に土着のものではない。彼らは南アメリカから来た。しかし一九三〇年代にアラバマ州、モービルへの船便によって持ち込まれた。今日、ヒアリはアメリカ南東部とプエルトリコに広がり、彼らの分布はフロリダ州とカリフォルニア州を横切って、アメリカ南部全体を覆うまで広がり続けるであろう。

(11) 最近私は一万二七六三種のアリが知られていることを調べた。しかしこれ以外に発見されるのを待っているものが多くいる。調査中のものはオハイオ州大学の科学者によって把握されている。

(12) 私のガラガラヘビ専門家の友人のルーロンは、一度ビールを飲みながら語った。乾いた咬みは、ヘビの咬みのための、あまりにも多くの民間療法が存在する理由かも知れないと彼は考えている。ともかく、もしヘビの咬みの半分だけが毒液に関係しているのなら、いかなる療法も人を五〇パーセント救うはずである。そのことは民間療法のいくつかを説明できるに違いない。その民間療法には、咬まれた穴を吸う、その咬まれた所を灯油に浸ける、ヘビを殺して傷の上をその体でこする、ニワトリを殺してその肉で傷の周りを巻く、などがある。

(13) 大洋の底の熱水噴出孔や、間欠泉の内部、あるいは洞窟の深い所のように、地球上で酸素が届かないような場所では、これらの非酸素呼吸生物がなおも繁栄している。それが、こうした場所で生きているものが、酸素が存在しない他の惑星にいるかもしれない生命への洞察を与える、と人々が言う理由である。

(14) あるヨガのクラスで若返らせるような清浄な酸素を深く呼吸する時に、あるガスが地球上のほとんど全ての生き物を絶滅させたという事実が、私にとっては、何か素晴らしく感じられる。世界は生き物のために提供されたものではない。生き物はまわりで何が起こっても繁栄するように進化してきたのである。

(15) クロサイが殺された数は二〇一一年には六六八頭であった。それは全個体数のほとんど一五パーセントである。それが二〇〇七年には一三頭が密猟されたことと比べてみてください。そして過去十年間にこれらの動物達にとっていかに物事が悪化しているかの観念を得てください。

第7章　立て、同胞たちよ〈自惚れ〉

動物に「無私」はあるか？

私はこの本を書き始めて以来、自然の冷酷さと、私がサムと時を過ごす時に経験する愛とを和解させようと試みてきた。その道に沿って、私が明らかにしてきた実例は、自然の生物がこれまでいかに恐ろしいものであったかを、私に突きつけた。しかし、私はその一つの例外を探そうと目を開けたままにしている——それは自分のＤＮＡの必要性を越えた思いやりを持つ、人間以外の種がいるかどうかである。もしそのような動物を見つけられたら、真の父親のような愛——ＤＮＡに駆られた利己的な父を越えた何か——が存在する証になるのではないか。私は至る所でその例外を探した。そして、この本を書きながら、これまで、それに最も近いものとして血吸いコウモリを知った。

〈怠惰〉の章で私達が論議したように、血吸いコウモリは彼らの血縁のないメンバーに食物を分け与える。しかしながら、これは無私の行動として数えられない。なぜならば、この食物共有プログラムに参加することによって、コウモリは自分で食物を見つけられなかった夜に、他のコウモリから食物を受け取って終わるからである。コウモリが血縁のないものを助けて終わるという事実は、それがなんであろうと、コウモリが利己的に行動する時に起きる一つの応急の現象なのである。

明らかに、血吸いコウモリは私が探していた無私の動物ではない。しかし、もし無私の動物が存在するとしたら、私はゲリー・カーターがそれについて知っていると考える。ゲリーは、私が血吸いコウモリの博士論文を書いている時の学部学生で、トリニダードでの野外研究の間、私を助けてくれた。彼は自分の博士課程を始めて以来、血吸いコウモリの食物共有行動の研究に専念した。彼は極めて手際がよかった。そして彼は、動物の親切心について、あらゆる実験と文献調査を行なって研究を進めていた。研究スタッフの内でゲリーが行った以上のことを知っている者はいない。

私はゲリーを呼び出し、自分のＤＮＡの生存にコストがかかっても、他の動物のＤＮＡを助ける行動を取るような動物を知っているかどうか、彼に尋ねた。私がうすうす気づいていたように、彼もそのような実例に出くわしたことは決してないということを請け合った。ある時には、一匹の個体が他の個体を助けるために自身を犠牲にする。フタフシアリの働きアリのように〈〈嫉妬〉の章より〉。それは彼らの女王を守るために自分自身を犠牲にする。しかし、このようなケースは全てＤＮＡをうけ渡すための結果である。ゲリーは、その動物がＤＮＡの利益を上回るコストで自らを犠牲にする実例は一つも見ていなかった。

私にとっては、それは寿命を縮めるものであった。動物は利己的である。従って、「ひもつき」でない純粋な愛は存在することができない。私がサムに感ずるものは、ある動物がそのＤＮＡを世話する単なる一つのケースにすぎない。

私はゲリーに、この本を書いていることと、彼の答えが私の本の結論にどういう意味を持つかについて少し話した。それは、私のサムへの愛は実際に特別なものではないということである。時には、科学は人が望むような答えを与えない。ゲリーは一瞬笑った。それからすぐに、心底、君とは意見が違うと私に話した。

「その理由は、君が、そのメカニズムが想像どおりに働くことはないことを理解しているからだよ。君は、サムへの愛がどこから来ているかわかっている。それが本物ではないと君に思わせてるのは何なんだ？君はファインマン［アメリカの物理学者］の花についての話を聞いたことがあるかい？」

「あるよ」と私は言った。

「結構だ。それと同じことだよ」

私は、ゲリーが話したファインマンの発言についてはよく知っていた。そして科学の価値について話す時、いつも使っていた。それは、輝かしいノーベル賞受賞者の物理学者、リチャード・ファインマンの少し粗い感じのインタビューから来ている。彼はいつものように微笑みながら、科学の審美学について語った。彼が言うには、一人の芸術家の友人が、科学者は花の美しさを評価することができないと主張したことがあった。なぜなら、科学者はそれを味気ないものになるまでバラバラにするからだ。ファインマンは彼の心地よいニューヨークなまりでこう言った。

私は、花の美しさは評価できます。それと同時に、私はそれ以上のものを見ます。……私はその中にある細胞を思い浮かべることができます。その内部の複雑な働きを。それもまた、ある美しさを持っています。私はこの次元での一センチの美だけを言っているのではありません。そこにはまた、もっと小さい次元での美があります。内部構造に、またそのプロセスに。花の中の色は、受粉してくれる昆虫を惹き付けるために進化したという事実があります。それは昆虫が花を見ることができることを意味します。それはある疑問を与えます。この美的センスは、より単純な形の中にも存在するのでしょうか？　何故それは美的なのでしょうか？　科学知識によってもたらされる全ての種類の興味ある疑問だけが、ある花への興奮、謎、そして畏敬を付与するのです。それはただ付与するのです。私はいかにそれが減ずるかを理解することができません。

ファインマンのこの見解は、「知らぬが仏」の反対である。彼にとって、何ものかについて新たな知識を得ることは、それを、より神秘的で素晴らしいものにしてくれる。ファインマンにとっては、花が素晴らしいかどうかについて質問されて、それに答えられた時に、その素晴らしさが失われるようなことはない。なぜなら、常に人は何か新しいことを学び、より深い謎に引き込まれることで報いられるからである。科学者達は世界について学んだあとで飽きることが無い。彼らはもっと深く掘り続ける。そして彼らがより深く掘るほど、より素晴らしい謎を得るのである。

私は血吸いコウモリを最初に見た時のことを思いかえす。――彼らの顔がどんな風に見えたか、彼らについて読んだ全ての科学的事実のおかげで印象が豊かになった。それでは、何故、私は父親らしい愛についての情報に逆の反応をしたのだろうか？　進化がサムへの私の愛を作りだしたということが、美しいことではなく、美しくないもののように思われたのは何故だろうか？　ゲリーの主張はファインマンの花への叙情を、一人の父親への助言として考えろというものであった。私が愛の進化的な起源を理解することは、その美しさから「減ずる」べきものではない。私のサムへの愛が、何百万年もの進化から来たのを知ることは、むしろ、その愛をより真実とするものである。

私が研究者生活の中で最も愛していることの一つに、私が得た友人達の資質がある。自分に挑戦し、自分の信じることに疑問を持つようにする賢明な人々と時を過ごすのは素晴らしい。私は科学論文をこつこつと書いたり、この本のために彼らの物語をまとめたりしていた。けれどもサムについてのこの重大局面を解決することができなかった。しかしゲリーは、私が大きくつまずく原因となっている、欠陥のある仮定をすぐに見破った。おそらく彼は、自分の研究のためにこの問題の考察に多くの時間を費やしたのだろう。そのため彼はそれに囚われなかった。いずれにしても私は、父親の愛が、もしそれが生物学的進化の利己的な過程によって築かれたものであるならば、純粋でも真実でもないと思い込んでしまった。その思い込みから私自身を解放するように諭し、ゲリーは私の全主張を粉々にした。

ゲリーとの会話は、私の脳の中のスイッチをパッと点けたようなものであった。もし、一頭のクマが進化によって作られた歯で私を咬むならば、私が感じる痛みは真実である。同じ理由で、もし私が私の息子を進化した感情で愛するならば、その愛もまた真実である。

私の頭にヒフバエがとりついた時、終始スリルがあった。私は自然の大量殺戮に参加していた。私はこの惑星の上で生物であることが何を意味するかを確かに経験しつつあった。私はある寄生者と戦い、むかつくようものであったにもかかわらず、それは面白かった。私は自然の一部分であったように感じた。しかし、生命の形が持つ最も古い習慣、すなわち繁殖の習慣にかかわった時、私は自然の一部分ではなかったと信ずるように私自身に話していた。でも、これ以上悪い状態になることはなかった。サムを得たことは、私に自然界へのある新しい繋がりを与えたのである。

私達はネズミではない

七つの大罪というものがある。自然が、人間が行うよりもより多くこの大罪を犯すということを人々に納得させるために、私はこれまで最善をつくしてきた。七つのうち六つまでを終えた。そして〈自惚れ〉に来た所で、私は事実上、人間がそのトロフィーを取っているのではないかと思う。

自惚れは、自分は他人とは違うので、通常のルールを自分に適用すべきではないという考え方である。これは人間が実際に優れている所である。私達は地球が宇宙の中心にあり、神は私達を動物とは別に創造し、そして、人間は魂を持っているが動物は持っていないということを一度は信じた（ある人々はなおも信じている）。科学者達がこれらの説について、根拠を明らかにしながら一つずつ打ち砕いていき、社会がその事実を受け入れるには数十年あるいは数世紀がかかった。私達は現在、私達が空間に不安定に浮かんでいる岩の上に生きていること、私達は分子でできていること、そして私達の考えは電気信号の結果であることを知っている。そして、人の自惚れがこれらの考え方を受け入れる所まで行くには、容易なことではなかった。

しかし、これらの明らかにされた事実の中にあっても、進化の学説は、人間にとって非常に受け入れがたいものだった。ダーウィンが『種の起源』を書いて以来、百五十年以上の科学的進歩とともに、自然選択による進化の学説はなおも人々の機嫌を損ねている。自然選択は、科学者が自然界での彼らの観察を説明するために持ち出した唯一かつ妥当な説明である。それが提案されてから一世紀半の間、この学説は何回も繰り返し検証されてきた。しかし、それが誤っていると証明できる者は誰もいなかった。これが科学者達が「自然選択」を事実として扱う理由である。しかし、その雪崩のような証拠にもかかわらず、進化が起こったことを受け入れることを拒む、その他の点ではよく教育された人々がなお何百万人もいる。私達は地球が太陽のまわりを回るという考え方がよいだろうと思うが、社会はなおも進化を受容する所まで変わってはいない。

人々が「自然な」という言葉を積極的なやり方で用いる傾向にある理由の一つはおそらく、それが、その変遷を通して私達を助ける道だからであろう。自然は素晴らしいと言うことは、私達が特別であるという考え方を持たせないまま、私達が自然から進化したということを受け入れさせる。私達が卑しい動物であるというかわりに、私達は他の生き物を信心深さと同等の精神的平面へと引きあげてきた。もし人が自分自身に、自然は完全であると言うならば、人間が自然から進化したという知識は、その人の自我への打撃とはならない。

しかし、実際の所、地球上の生物は互いに汚く振る舞い、彼ら自身のＤＮＡのコピーを作るために必要なエネルギーをめぐって戦っている。彼らは聖なる調和のうちに共に働く優しい生物ではない。遠くから見ると、ちょうど、ニューヨーク市の輪郭が清潔に見えるように、しかし、街路レベルに降りて見ると、生物は一か八かの戦いに閉じ込められている。そこには大虐殺がある。そして私達はそのただ中で進化した。しかし、自然がどんなに冷酷であっても私達は進化しただろう。私は人間の自惚れは正当だと思う。

私達は他の生きている生物とは違う。通常のルールは私達に適用すべきではない。私達がまさに自然の中で進化したからといって、それは私達が新しい土地を切り開くことができないということを意味しない。実際の所は、人間の自惚れこそが、「私達は自然を私達から救う必要がある」という考え方を促すのかもしれない。

ゴフ島のネズミは運命づけられていた。なぜならば、彼らは家と家庭を彼ら自身で食べ尽くそうとしたからである。もし彼らが、これを止めて何ができるかを考えたなら、行くべき道を理解し、一つの群れとして調整したことであろう。しかし、彼らにはそれが出来なかった。彼らはネズミである。彼らが肉の消費を抑えて、彼らの個体群を制御下においたら、彼ら全てに利益があったろうけれども、自然選択は彼らをそのようにはしなかった。

長い時間がかかっても、全てのネズミがその戦略をとることによって勝ち、より少なく食べ、より少ない赤ん坊を持つという注意深いネズミが、利己的な反射運動に置かれていたネズミよりも遅れをとった。進化は一つの過程として、そのような問題を扱うことはできない。ネズミは彼ら自身の本能によっては救われなかったのである。

しかし、私達はネズミではない。私達はまねをする代わりに、ある解決法をもたらすように私達の大きい脳を使おうではないか。私達の本能が行くべき道であるとみなした方向に進むのを止め、理性的に行動し始めよう。人間性に小さい自惚れを持とうではないか。

地球上の人口は数世紀の間ほぼ一〇億人で上下していたが、私達の数は産業革命以来急速に上昇している。今日、人間は七〇億人いる。私達の拡張によって、動物と植物を私達の行く先々で一掃してきた。そして、今日も殺戮は続いている。人間は、新しい島か大陸に到着するたびに、体の大きいカリスマ的な動物を消滅させてきた。しかし、それは私達がこの惑星全体にそれを行う必要があることを意味しない。

問題の一部は、私達の選択の結果が生み出した環境の悪化について、責任を取らずに私達が生きることができるということである。ある人が彼のSUV［スポーツ用多目的車］を暖めるために遠隔スタータを運転四十五分前から使うならば、同じ惑星の上で冬中働くために一台のバイクに乗る人が十年間起動させられる燃料を消費するだろう。人々は彼らの利益を個別に得るが、私達はそのコストを全て一緒に払う。ゴフ島の不運なネズミのように。この問題は「共有地の悲劇」と呼ばれる。

問題は化石燃料の流出だけではない。人間はライオン、ゾウ、ゴリラ、そして数えきれない他の絶滅危惧種を、わずかの金を得るため以外になんの理由もなく殺している。もう一つの問題をとりあげてみよう。西欧世界にいる私達は、物事の不公平を容認してきた。それは、私が砂糖入りのアイスドリンクから毎日必要なカロリーの五分の一をとるために、帰り道のスターバックス・ドライブスルーに立ち寄る一方で、世界の別の場所では、誰かがタンパク質を得るのに他の方法がないため、絶滅危惧種のオオコウモリを食べている。そこは、これまで「自然な」活動を人間がしてきた場所である。

私達には一つの選択がある。それは、短期間に集中して利己的な個人が望み、必要とするものに対して、惑星［地球］がそれ自身を受け流すようにすることである。それは世界が終わるようなものではない。確かに私達はパンダやトラやシロナガスクジラをもはや持てなくなるだろう。しかし進化は続く。それはちょうど他の絶滅の後のように。そして二、三百万年のうちに、私達が今日知っている動物がいなくなった自然の中で、ある新しいグループがその役割を担い始めるであろう。

しかし、これに代わるものは（分かってもらえるでしょうか？）、私達がネズミのように行動するのを止めて、生物多様性を重要事項として扱うことである。私達は、自然がカロリーやドルを越えた価値を持つというように行動する必要がある。たとえ私達のDNAがその認識を組み込んでいなくとも。しかしながら、致死的で利己的で残酷な自然は、ユニークで、美しく、驚きに満ち、言葉で表現できる以上の価値がある。

これからの私達と自然

自然を守る重要なステップの一つは、自然と繋がる努力をすることである。私がヒフバエにとりつかれた経験は、どんなテーマパークでもあるいは3D映画によっても模倣できない。人が自分で何か真実のものを見る時、その後の生涯はこれまでとは違ったものになる。私にとっては、シース尾コウモリの実際の生活を見たことが、彼らの塩振り行動について読むよりもはるかに私を変えた。人は血吸いコウモリについて好きなだけドキュメンタリーを見ることができる。しかし、その人が頭を彼らの洞窟にさしこんで、コウモリ達を見て叫び声をあげた時、それは違うものとなる。

あなた自身の経験について一瞬間考えてみてください。あなたはこれまで驚きのあまり、口をあんぐり開けるような野生動物を見たことがありますか？　クジラ？　クマ？　フクロウ？　ウミガメ？　あなたは、これまでシュノーケリング、ハイキングをしたことが、あるいは餌場にきた鳥を見たことがありますか？　こういう経験が、あなたに一人の人として与えた価値について考えてみてください。なぜ、あなたの人生をもっとこのような経験で満たすという決定を下さないのだろう？　公園に出かけよう。あなたのドルを他の国のエコツーリズムに使おう。あなたの友人と家族を連れて。外に出て、自然を保護する価値について、あなた自身が気づくのです。

自然を守るための、もう一つの偉大な道は、科学を支持することである。科学は、どんな種がそこにいるかを把握し、それらをいかにして保存するか計画を立てるものである。私達の知性に自惚れを持つことによって、また私達の種に境界を押し戻させることによって、私達は自然と互いに影響しあい、私達の惑星を守り、究極的に私達自身を守る新しい道を見つけようとしている。遺伝子操作のような技術は、多くの人々を怯えさせている。なぜなら、それらはあまりにも不自然だからである。しかし、それは自然にとって最良のことかも知れないのだ。それは、すでになされた自然の進化を越えて、私達の軌道を修正する最良の希望につながる。私達がもし生存することを望むならば、技術についてもっと心を開くべきである。

育種をとおして私達がこれまで変えてきた、全ての植物や動物は遺伝的に操作されてきた。今、私達はこれらの変化の分子的基礎を理解したので、これまでよりも、より速く、効果的にそれらを操作することができる。食糧の供給量を制御するため、大規模な多国間協力については用心深く行なわれるべきである。しかし、遺伝子操作を技術として恐れる理由はない。不自然に感じられるからといって、それが悪いことを意味しない。私達はそのお決まりの憶説を捨てるべきだ。

そして、ちょうど農業の道具が変わっていくように、その規模も変わるべきである。私達が大きな農場を持たずに、私達の食糧の全てを自然から得ているという、幻想が強調されているように思われる。しかし、現在、地球上にはあまりに多くの人々がいるので、一つの解決策が必要である。次の四十年以内に想定される九〇億人の人口と共に、農業はこれまでよりもっと効率的なものになる必要がある。私は大きい農場が小さい家族経営のものより魅力がないことを知っている。しかし大きい農場はより効率的である。そこで、多くの人々が食べることができるようにするために、アマゾンの熱帯雨林を何ヘクタールも切り倒そうとしている人がいるなら、単位面積あたりにより多くの食物を育てるほうがはるかに良い。そうすれば、私達が切り倒す森は最小限にとどめられる。農業無しに生きる自然な道があるという夢は、九〇億人の人口の世界では叶わない――少なくとも私達全員にとっては。

科学者達は私達の種が生き延びるための道を探して、這い回っている。科学者達は、彼らが得られる支援を受ける価値がある。

DNAに立ち向かえ

この「自然な」生活という誤った理想から離れることは、持続可能性にとって良いであろう。それは社会的にもまた重要である。男女共同参画にとっては何が自然か？　人間の権利について何が自然か？　自然には何も無い。シャチによってずたずたに引き裂かれるアシカには権利がない。メスのオナガガモは彼女を攻撃する挑発的なオスに対して、法的手続きをとることはない。人間の権利は、私達が作ろうとする未来の基本的要素である。そこで、それらをありのままに呼ぼうではないか――不自然で素晴らしいと。

強姦は私達の種が人間であった以前からの行動の一部であった。私達はそれを人間以前の祖先から受け継いだ。強姦を追い越そうではないか。人間世界の中では強姦は不要である。そして、それが自然であるからといって強姦を正当化できるように考えている人々のための場所はない。

女性が出産する時、ある架空の「自然な」出産方法を選択すべきかどうか、彼女を追い込まないようにしよう。彼女には彼女が望む経験を選ぶ自由を与えよう。彼女が必要とする時、そこに近代的医療の快適さが保証されるように、また、その医療が世界中の人々の手に入るようにしよう。そうすれば、妊娠を恐れと不必要な痛みと共に経験しなければならない女性はいなくなる。毎日八〇〇人の女性がそのようにして死を宣告されることに正当性はない。いずれにしても自然にはリスクがある。同性カップルには結婚させようではないか。それはオスのコウモリがある時、互いにセックスをするからではない。そうではなくて、それは、そうする権利があるからだ。

自然は社会的正義を議論する場所ではない。私達は人間である——私達は自然の中で進化した。しかし私達は、自然の秩序よりもうまく振る舞うことができる。私達が人間の権利を発明したという事実に、少しの自惚れを持たせよう。それが自然かそうでないかは問題でない。私達は動物であるが、彼らのように行動する必要はない。

私が真に提唱するものは、私達、人間生体ロボットのDNA圧政者に対する一つの反抗である。私達は、私達のDNAの要求を他の人々と私達のまわりの生態系よりも前に置くため、利己的であるように組み込まれている。今朝のホット・コーヒーがいかに熱いかを、それを飲む間にも、タンザニアの五歳の少女がマラリアで死んでいるという事実よりも気にするということは自然である。しかし、世界のどこかで生まれた人々が飢え、貧困、そして戦争に運命づけられているかぎり、それ以外の人によって楽しまれる進歩に意味はない。

私達が地球的規模の問題を扱うように作られていないために、生物多様性は失われてしまうだろう。しかし、私達がその仕事をするようには作られていないからといって、それが私達には出来ないことを意味しない。

あなたが関心を持っている問題について、参加できるような活動をしている非営利団体を見つけるのです。世界自然保護基金、国際人権救護機構、あるいはバットコンサーベイションインターナショナル「コウモリ保護の国際機関」についても、考えてみてください。女性の権利、環境的持続性、社会的プログラム、そして基礎的科学研究を尊重する政治的団体に投票してください。人々に何故そこに投票するかを話してください。意識を変えてください。あなたのコミュニティーのために進んで仕事をしてください。誰かのコミュニティーにも志願してください。子どもと共に働いてください。他の人々の生活を改善するために何かをしてください。

あなたのＤＮＡの顔にそれをこすりつけてください。

それは、偉大な酸素化イベントの間、地球上の生物が以前に地球に影響したのと同じくらい、今日人間ができることである。しかし私達の受け継いだ物が破壊の一つである必要はない。私達は私達自身の運命を選ぶ力を持っている。地球上のここに、人間の権利、平等、そして環境の持続可能性にもとづくユートピアを作りましょう。

これらの問題について何もしないこと、そして私達個人に浸ったままでいること、利己的な経験などは、なすべき最も自然なことである。それでも、あなたの自然の本能に指示を与えてください。そして非利己的になってください。他の人々があなたの変化に影響されるのを見て、良いと感じるだけでは十分でない。

これが働くためには、私達はそれを個人として行う必要がある。これはあなたとあなたの体の中にある分子との間にあるものです。それは、あなたが何もしないよりも、もっと働き、もっと金がかかることであるけれども、世界をより良い場所にしてください。私達は私達のＤＮＡが私達に望んだことを全て、十分長い間やってきた。今こそ、立て、生体ロボットよ！

シェルビーと私はサムに自然の驚異を見せるために、世界中を巡る壮大な計画を立てている。いつの日か、恐らく私達は生物発光するカイミジンコ、エメラルドウミウシ、植物食のハエトリグモを探し出すであろう。私はこれらの経験をサムとわかちあうスリルを、どうにか想像することができる。おそらくシェルビーと私はサムをテキサスの野外キャンプ場に連れて行き、彼と一緒に青白コウモリを呼ぶために砂をかくであろう。しかし、その時まで、私の計画は私自身を愛の中に置くということである——サムとの愛、シェルビーとの愛、そして、壊れやすい、素晴らしい自然界との愛に。

バギーラ・キプリンギグモ *Bagheera kiplingi*　152
白亜紀－古第三紀境界　202
ハチドリ hummingbird　125
ハチ目 Hymenopterans　194
ハッザの人々　154
母親の死　50
ハレム　159
反響定位　83
バンドウイルカ bottlenose dolphin　61

【ひ】
ヒアリ fire ant　191
羊 sheep　23
ヒトヒフバエ botfly　7
ヒル leech　89

【ふ】
フェルドランス fer de lance　197
プソイドバイセロス *Pseudobiceros*　67
フタフシアリ *Epimyrma*　148
腐肉食動物　135
プラスモディウム *Plasmodium*　87
プララド・ジャニ　110
ブルズホーンアカシア bull's horn acacia　116
分解者　136

【へ】
ヘビ snake　195
ペラルゴニウム zonal geranium　120
ペルム紀－三畳紀境界　204
扁形動物 flatworm　67

【ほ】
捕食寄生者　96
捕食者　23

【ま】
マインドコントロール　98
マラリア malaria　87

【む】
無性生殖　66
ムネボソアリ *Leptothorax*　148

【め】
メキシコ自由尾コウモリ Mexican free-tailed bat　188
メタン　206

【や】
ヤドクガエル poison dart frog　178

【よ】
翼竜 pterosaurs　202

【ら】
ライオン lion　21

【り】
リカオン African wild dog　153
利己主義　23
『利己的な遺伝子』　38

シロフクロウ snowy owl　26
シロワニ sand tiger shark　28

【す】
スクルージ　22
スローロリス slow loris　130

【せ】
生物多様性　221
セセリチョウ skipper　97
絶滅　202
線虫 roundworm　87

【そ】
象皮病 elephantiasis　87
草食動物　117
藻類　112

【た】
ダーウィン　217
胎児　103
大絶滅　204
タイタニック　35
ダイノポネラ・ギガンテア *Dinoponera gigantea*　195
ダニ mite　102
タバコ植物 tobacco plant　122
タビネズミ lemming　26

【ち】
チーター cheetah　153
チェリャビンスク隕石　203
地球的温暖化　205
血吸いコウモリ vampire bat　79
チューブリップトネクターコウモリ tube-lipped nectar bat　126

【つ】
ツカンデイラ　193
突き刺す行動　177
唾吐きコブラ spitting cobra　196

【て】
帝王切開　141
テストステロン　49

【と】
糖　113
同性愛　57
トゥンガラガエル tungara frog　64
ドーキンス　38
ドードー dodo bird　33
トガリネズミ shrew　132
トキソプラズマ toxoplasma　98
毒　178
毒液　178
トコジラミ bedbug　62
トラコプス *Trachops*, frog-eating bat　64

【な】
七つの大罪　19
生体ロボット　38
ナミチスイコウモリ common vampire bat, *Desmodus rotundus*　80

【ぬ】
ヌー wildebeest　154

【ね】
ネフィレンギス *Nephilengys*　47

【は】
ハイエナ hyena　55

キスカル酸　120
寄生虫　78
寄生者　79
キャッサバ cassava　119
共生　117
強制的な交尾　58
ギョウチュウ pinworm　88
共有地の悲劇　220
恐竜 dinosaurs　202
去勢　46
巨大火山　204
巨大肉食ネズミ giant carnivorous mice　29

【く】
クズリ wolverine, *Gulo*　131
クモ spider　47
クラゲ jellyfish　178
クリマグアグモ *Curimagua*　151
グレートプレインズヒキガエル Great Plains toad　161
クローン　68
クロイヤーの深海アンコウ Kroyer's deep sea anglerfish　91
クロヤマアリ *Formica*　149
クロロフィル a　113

【け】
ケントロポゴン・ニグリカンス *Centropogon nigricans*　126

【こ】
光合成　112
工場式農場　138
抗草食動物戦略　122
皇帝ペンギン emperor penguin　24
コウモリ bat　7
コガネグモ orb-weaving spider　149
ゴキブリ cockroach　95
極楽鳥 bird of paradise　65
コシジロイヌワシ Verreaux's eagle　27
個体性の概念　105
ゴフ島　29
婚礼の贈り物　47

【さ】
菜食主義者　134
サシハリアリ bullet ant　192
サソリ scorpion　185
サムライアリ *Polyergus*　149
サンショウウオ salamander　66
酸素　113

【し】
シアン化水素　118
シース尾コウモリ sac-winged bat　82
自慰行為　165
塩振り行動　160
死姦　163
シクロパミン　120
自然出産　51
自然選択　31
シドニージョウゴグモ Sydney funnel-web spider　184
シマウマ zebra　22
シマリス chipmunk　198
シャチ killer whale　171
住血吸虫 schistosome　93
雌雄同体　67
種の起源　217
シュミット痛み指標　194
シュロソウ corn lily　120
シロナガスクジラ blue whale　132

索　引

【あ】
アオアズマヤドリ satin bowerbird　43
アオウミウシ blue dragon, *Glaucus*　180
青白コウモリ pallid bat　187
赤い頬サンショウウオ red-cheeked salamander　168
アカオバチ red-tailed wasp　123
アカシアアリ acacia ant　116
アブラムシ aphid　124
アホウドリフルーツコウモリ short-tailed fruit bat　82
アマガサヘビ Malayan krait　198
アメリカオオモズ loggerhead shrike　176
アメリカジョロウグモ golden silk spider　66
アメリカマムシ copperhead　197
アンティベニン　185
アンテトガリネズミ antechinus　45
アンドロゲン　56

【い】
イソウロウグモ *Argyrodes*　150
偉大な酸素化イベント　205
遺伝子組み換え食品　138
遺伝子操作　222
イモガイ cone snail　181
医療出産　51
隕石　202

【う】
海イグアナ marine iguana　164

【え】
永続性狩り　155
エネルギー　113
エメラルドウミウシ emerald sea slug　123
エメラルドゴキブリバチ emerald cockroach wasp　95

【お】
オーストラリアコウイカ giant Australian cuttlefish　166
オーストラリアハコクラゲ Australian box jellyfish　179
オウギハヒキガエル *Rhinella*　163
オオカミ wolf　23
オオツノヒツジ bighorn sheep　43
オナガガモ northern pintail　58
オマキザル capuchin monkey　156
オランウータン orangutan　130

【か】
蚊 mosquito　86
蛾 moth　102
ガーターヘビ garter snake　61
外傷授精　63
海難事故　35
カイミジンコ ostracod　165
カツオノエボシ Portuguese man-of-war　179
花粉媒介　125
ガラガラヘビ rattlesnake　198
乾いた咬み　199

【き】
寄主　79

訳者あとがき

この本は、カナダの進化生物学者で、テレビの自然科学番組のパーソナリティでもあるダン・リスキン氏が、「人は自然をどう見たら良いのか」について一般読者むけに紹介したものである。

現代社会では、自然は平和で調和のとれた美しいものだと思われがちであるが、一歩その中に踏み込んでみると、それぞれの生物個体が自分と子孫の生存のために、利己的な血みどろの戦いをしている場であることをこの本は強調している。

著者は少年時代にコウモリの本を読んで興味を持ち、大学院時代にコウモリ研究チームで訪れた中米ベリーズの熱帯雨林で野生生物の世界に魅せられて、この研究を生涯の仕事にしようと考えた。その時、偶然、寄生バエの一種、ヒトヒフバエに寄生されたことから、人間も自然の一部であることを悟った。著者はその後、世界各地でコウモリの研究を続けながら、多くの生物の利己的な行動を知り、この本で紹介している。

私も、少年時代に昆虫採集に熱中して野山を駆け回ったが、あるとき山から家に帰ると首に数ミリの黒い塊がついていて、そのまわりの皮膚が赤く腫れていることに気がついた。その塊はダニの一種で、つまんで強く引っ張ったところ取り除くことができたが、噛み付いていた顎(あご)はちぎれて一～二週間も皮膚の中に残っていた。幸い痛みはなく病気になることもなかったが、あとで考えると恐ろしい経験であった。それにもかかわらず、私はこのあとも昆虫に興味を持ちつづけた。このように、自然の素晴らしさと恐ろしさは相伴うものであるという著者の考えに私は共感を持つ。

私はその後、大学では昆虫生態学を学び、農業試験場で害虫防除の研究に従事するようになった。これまでの研究の中で生物の利己的な行動という点から印象深いのは、ウリミバエの交尾行動である。私は、一九七八年から約五年間、沖縄においてウリミバエというウリ類の侵入害虫の根絶防除のための研究チームに参加した。根絶方法は、このハエを人工的に大量増殖して、放射線照射により不妊化したオスを野外に大量に放して野生のメスと交尾させ、その繁殖能力を奪おうとするものである。

ウリミバエの成虫はウリ類の畑などにいるが、夕方になると近くの木に集まって交尾する。そのとき、オスは一匹ずつ一枚の木の葉を占拠して、他のオスが近づくと追い払う。あたりが暗くなってくると、オスは翅を振動させ、尾端から性フェロモンを放出する。すると、メスがこの匂いに引き寄せられてオスに近づき交尾が成立する。交尾は十時間以上も続き、オス、メスは翌朝まで離れることがない。山岸氏の研究によれば、精子のメスへの移送は四時間程度で終わるが、久場、伊藤氏は、長時間交尾を続けたメスが、しばらくは再び交尾しないことを示し、残りの時間にオスがメスに交尾意欲を失うような付属線物質を注入したものと推定している。このようにして、オスは自分の子孫が確実に次世代に残るようにしているのである。根絶防除において不妊化したオスは受精能力のない精子をメスに注入することに加えて、再交尾を妨げる物質も注入するので、メスの繁殖を妨げることができるのである。

それでは生物はなぜこのように利己的に戦うのだろうか。それを知るためには、まず地球上に生物がどのようにして生まれたかを振り返ってみなければならない。

旧約聖書の「創世記」によれば、神は、この世界のあらゆる物を六日間で創造された。一日目には昼と夜を、二日目には空と水を、三日目には地と海と草木を、四日目には日と月と星を、そして、五日目に魚、鳥を、六日目には地の獣、家畜、土を這うものを造られた。また、同じ日に神自身にかたどって人を創造し、これらの生き物を支配させることにした。神はすべてのものの創造を終えて七日目には休まれた。このように、地球上の全ての生物の種類と人間はこの創造の日々に生まれたあと、まったく変化せずに現在に至るというのが、キリスト教の自然観である。

これに対して、生物はきわめて簡単な種類から、次第に複雑な種類に変化して現在に至ったという「進化論」を初めて定式化したのが、イギリスの博物学者チャールズ・ダーウィンで、彼の著書『種の起源』は初版が一八五九年に発刊された。彼の学説の概要は次のとおりである。あらゆる生物の親は沢山の子どもを産むが、そのうち親になるまで育つものはそのごく一部である。そうでなければ、地球上は生物であふれかえってしまうであろう。そこで、生き残るために生物同士は、棲み場所や食物、異性の獲得をめぐって激しく戦わなければならない。これが「生存闘争」である。同じ親から産まれた子どもの間には形態や習性について、わずかな違いがあり、これを「変異」と呼ぶ。そのうち、ある自然・生物環境の下で、少しでも有利な形態・習性を持ったものが生存闘争に打ち勝って次の世代を残していく。これが「自然選択」であり、現在地球上にはさまざまな環境に適応した、さまざまな種類の生物がいて今も進化し続けていることは、自然選択による「適者生存」の結果である。

ダーウィンの進化論は、生物の種類は神の創造以来不変であるというキリスト教の自然観を覆すものであり、発表当時は一般に受け入れられなかった。しかし、さまざまな生物の種類の類縁関係とその地理的分布、地層に残された生物化石など多くの科学的証拠によって裏付けられ、今では一部の人達を除けば疑う余地のない学説となっている。

地球上には、太陽光をエネルギー源として光合成を行う植物、その植物を食う草食者、草食者を食う肉食者、それらの生物の遺体を食う腐食者やバクテリアなどの分解者、さらにこれらの生物に寄生する寄生者もいて、太陽のエネルギーがうけ渡されているが、これらの生物個体は、自分のＤＮＡを次世代に残す為に、互いに激しく戦いながら進化してきたのである。

著者は、それぞれの生物の遺伝子＝ＤＮＡがその存続を利己的に追求するために、その生物を操っているのだというアイデアにもとづき「生体ロボット」という概念を提案している。この「生体ロボット」の概念を理解するためには、生物の形態・習性が変異を含みながらも親から子に伝わること、すなわち遺伝現象についての理解が必要であろう。

親の形態や習性が子に伝わることを「遺伝」と云うが、遺伝現象自体は古くから認められてきた。しかし、両親の異なる性質が子にどのように伝わるかについては、それが単に混じりあうものと考えられてきた。オーストリアの司祭、グレゴール・ヨハン・メンデルはエンドウマメの異なる品種を交配して、その子が親の性質をどのように受け継ぐかを実験的に確かめ、「メンデルの法則」として一八六五年に発表した。これは、遺伝をつかさどる何らかの物質があることを示し、のちにそれが「遺伝子」と呼ばれるようになる。その後、遺伝子は全ての生物の体を構成する「細胞」の「核」の中にある「染色体」の上にあり、さらに染色体はＤＮＡという化学物質からなりたっているということが、明らかになった。

ＤＮＡは英語でディオキシリボニュークレイックアシドの頭文字をとったもので、アデニン（Ａ）、グアニン（G）、シトシン（C）、チミン（T）という四種類の塩基が多数、螺旋状に並んだ構造をしている。このA、G、C、Tの配列の組み合わせによって、それが特定のアミノ酸の合成をもたらし、このアミノ酸が化合した各種のタンパク質が、生物の形態や習性を決めている。

イギリスの動物行動学者リチャード・ドーキンスは一九七六年に『利己的な遺伝子』という本を出して、遺伝子＝ＤＮＡの利己性についてくわしく解説した。彼の解説によると、生命は初め単純な「原子の集まり」であったが、それを含む「細胞」ができ、細胞の集まりの「生物」ができ、それらが、しだいに複雑なものへと進化して行った。その際に、自己複製子として自分と同じ物を作り出す性質を担っていたのがＤＮＡであり、生物はそのＤＮＡの「乗り物」であると考えられる。ＤＮＡは絶えず複製されていくが、その複製にはときどき誤りがあり、それが生物の変異を生み出す。変異はまた、両親の異なるＤＮＡが交配によって組み合わされた子どもの間にも生じる。ダーウィンが言うように、生存に有利な変異を持つ生物個体が、自然選択によって生き延び、それによってＤＮＡも存続していく。これを、「ＤＮＡは自分が生き残るために、その乗り物である生物個体に利己的に振る舞うように求める」と言い換えてもよいであろう。つまり、生物個体の利己性は実はＤＮＡの利己性のあらわれである。従って、ＤＮＡの存続のためには、親が苦労して子を育てたり、ミツバチの群れの働きバチが女王の産む弟妹のために働くというような「利他性」も生まれる。このドーキンスの学説に触発されて、この本の著者は「生体ロボット」という言葉を思いついたのだと私は思う。

著者は、結婚して子どもが生まれた時、自分がその子どもに対して感じる愛情が、自分のＤＮＡに操られた結果であるとすれば、それは真実のものではないのではないかという考えにとらわれる。しかし、その後、人間の愛情と生体ロボットの概念は決して矛盾するものではないという考えに到達した。

人間は他の種の動物とは異なり、その発達した脳によって社会的生活の中から文化を作り出した。これは人から人へと伝えられて行く知識、習慣、言語、モラルなどである。その結果、人間は他の生物にはない先見能力を持つようになった。ドーキンスは、この文化に遺伝子とは異なる「ミーム」という新しい名前をつけて、「この地上で、唯一われわれだけが、利己的な自己複製子たちの専制支配に反逆できるのである」と述べている。


人類が地球上に現れて久しいが、その利己的な力が絶大であったため、地球上の陸地の森林の多くは農業によって失われ、海と大気が工業によって汚染され、たくさんの生物が絶滅に追いやられている。しかし、人類はこうした生物から恩恵を受けることによって生存してきたのである。このまま進んで行けば、人類の生存すら危ぶまれる事態が必ず到来することであろう。著者はこの本の最後で、人間はＤＮＡの求める目先の利益だけにとらわれることなく、人間が作り出した文化の力をもって、この素晴らしい自然を守る行動に立ち上がるべきではないかと書いているが、これには私も全く同感である。


翻訳にあたり、原著とは異なる点について述べておきたい。

原文で読者になじみの少ないと思われる言葉には［　］内に簡単な説明を記した。脚註は文中に章ごとの番号を付し、章末に一括して述べた。

参考文献は、一般読者には入手しがたいと思い全て省略した。したがって、主として参考文献の紹介である「原註」も省略し、脚注においても参考文献の紹介は省略した。

索引は原著を参考にして作成したが、生物名には日本語と英語を併記した。これは、インターネット検索などを利用して、それぞれの生物の概要を知るために便利だと思ったからである。

最後に、この本を翻訳する機会を与えられた築地書館の土井二郎社長と編集・制作を担当された北村緑さんに深謝する。また、翻訳原稿に目を通し、表現上のアドバイスをもらった妻小山晴子にもお礼を言いたい。

二〇一四年三月

小山重郎

著者紹介

ダン・リスキン（Daniel K. Riskin）

1975年カナダで生まれる。1997年にカナダ、アルバータ大学で動物学学士、2000年にカナダ、ヨーク大学で生物学修士、2006年にアメリカ、コーネル大学で動物学博士の学位を取得。その後４年間の博士研究員を経て、2010年から2011年までアメリカ、ニューヨーク大学で教鞭をとる。世界各地でコウモリの野外生態研究を行い、多数の研究論文を執筆している。2008年からアメリカとカナダのテレビ自然科学番組に出演、司会を務めている。本書、『母なる自然があなたを殺そうとしている』は初めての著作である。

訳者紹介

小山重郎（こやま・じゅうろう）

1933年東京で生まれる。東北大学大学院理学研究科において「コブアシヒメイエバエの群飛に関する生態学的研究」を行い、1972年に理学博士の学位を取得。1961年より秋田県農業試験場、沖縄県農業試験場、農林水産省九州農業試験場、同省四国農業試験場、同省蚕糸・昆虫農業技術研究所を歴任し、アワヨトウ、ニカメイガ、ウリミバエなどの害虫防除研究に従事し1991年に退職。

主な著書には『よみがえれ黄金(クガニー)の島――ミカンコミバエ根絶の記録』（筑摩書房）、『530億匹の闘い――ウリミバエ根絶の歴史』、『昆虫と害虫――害虫防除の歴史と社会』（築地書館）、『害虫はなぜ生まれたのか――農薬以前から有機農業まで』（東海大学出版会）がある。

母なる自然があなたを殺そうとしている

2014年6月18日　初版発行

著者　　ダン・リスキン
訳者　　小山重郎
発行者　土井二郎
発行所　築地書館株式会社
東京都中央区築地 7-4-4-201　〒104-0045
TEL 03-3542-3731　FAX 03-3541-5799
http://www.tsukiji-shokan.co.jp/
振替 00110-5-19057
印刷・製本　シナノ印刷株式会社

ISBN 978-4-8067-1478-1　C0040